彩图 9　温克

彩图 10　红地球

彩图 11　美人指

彩图 12　比昂扣

彩图 13　秋黑

彩图 14　爱神玫瑰

彩图 15　红宝石无核

彩图 16　黑巴拉多

彩图 17　红巴拉多

彩图 18　早霞玫瑰

彩图 19　巨玫瑰

彩图 20　甬优 1 号

彩图 21　醉金香

彩图 22　峰后

彩图 23　京亚

彩图 24　户太 8 号

彩图 25　夏黑

彩图 26　巨峰

彩图 27　摩尔多瓦

彩图 28　阳光玫瑰

彩图 29　金手指

彩图 30　叶片缺氮症状

彩图 31　叶片缺磷症状

彩图 32　叶片缺钾症状

彩图 33　叶片缺镁症状

彩图 34　叶片缺锌症状

彩图 35　葡萄缺硼症状

彩图 36　叶片缺铁症状

彩图 37　部分未成熟

彩图 38　部分冻死

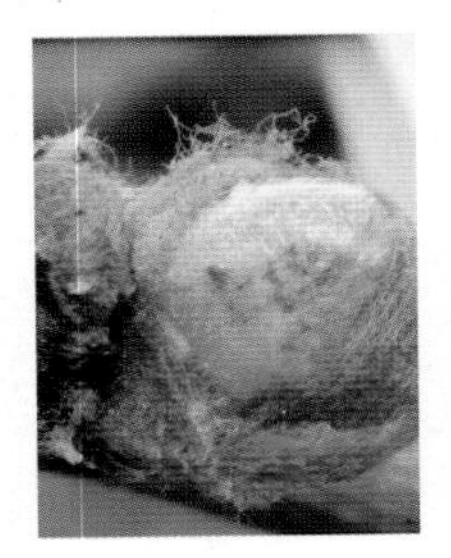

彩图 39　萌芽

彩图 40　主干冻裂

彩图 41　黑痘病病叶

彩图 42　霜霉病病叶

彩图 43　健壮枝条截面

彩图 44　营养珠（不是虫卵）

彩图 45　开花前花蕾的黄褐色斑点

彩图 46　果穗白腐病

彩图 47　枝条白腐病

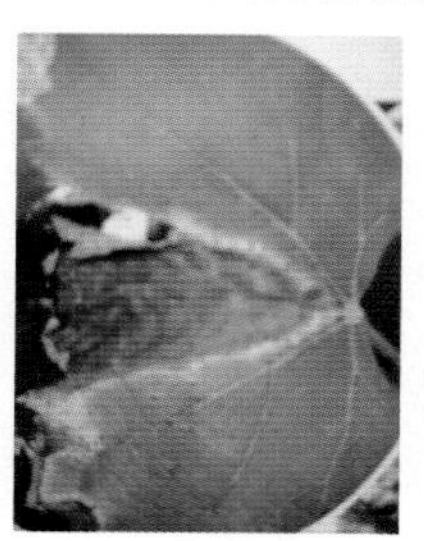

彩图 48　白腐病病叶

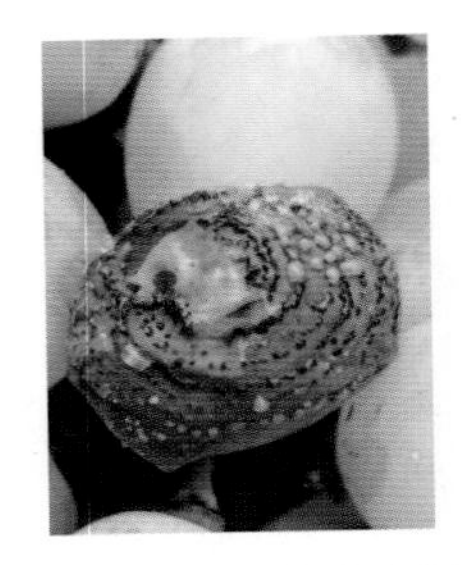

彩图 49　炭疽病病果

彩图 50　叶脉黑痘病

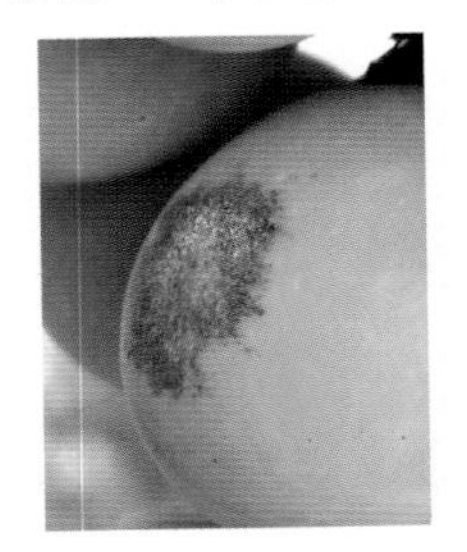

彩图 51　白粉病病果

彩图 52　花蕾灰霉病

彩图 53　灰霉病病果

彩图 54　穗轴褐枯病

彩图 55　大褐斑病病叶

彩图 56　小褐斑病病叶

彩图 57　房枯病穗轴

彩图 58　酸腐病病果

彩图 59　轻微日烧症状

彩图 60　中度日烧症状

彩图 61　严重日烧症状

彩图 62　果梗日烧症状

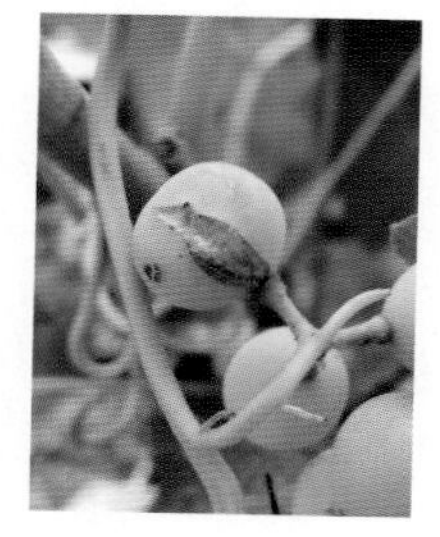
彩图 63　裂果

彩图 64　霜冻干叶

彩图 65　透翅蛾危害枝条

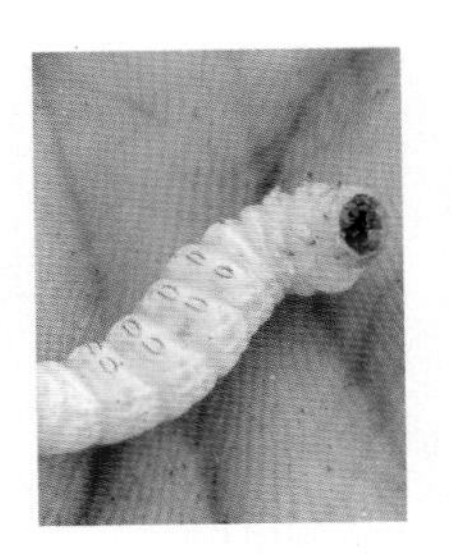

彩图 66　透翅蛾幼虫

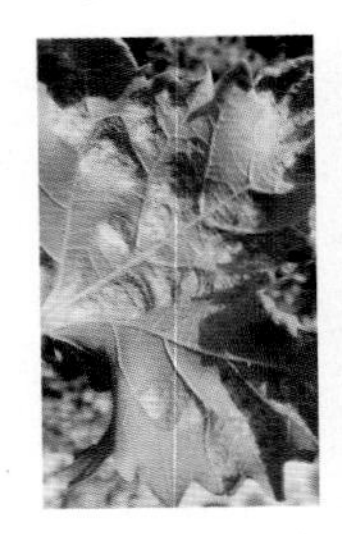

彩图 67　叶片受葡萄缺节瘿螨危害状
（左为背面，右为正面）

彩图 68　叶片受斑叶蝉危害状

彩图 69　斑衣蜡蝉幼虫

彩图 70　斑衣蜡蝉卵块

彩图 71　铺设反光膜

彩图 72　未完熟的葡萄

专家帮你提高效益

怎样提高葡萄种植效益

主　编　许领军　孙海生　许利青
参　编　肖春龙　陈百岳　张玉涵　孔　旭

机械工业出版社

本书针对我国目前葡萄生产的现状，介绍了提高葡萄种植效益的方法，主要内容包括区域化高效益优良品种、葡萄园的选址与规划、葡萄园的土肥水管理、葡萄的整形修剪、葡萄生长期的高效益管理、葡萄病虫害的发生与防治、葡萄设施栽培，以及葡萄的采后处理、贮运保鲜、市场销售等。全书着眼于生产一线，根据生产中存在的问题来阐述解决方法，内容详尽，通俗易懂，书中设有“提示”“注意”等小栏目，可以帮助读者更好地掌握技术要点。

本书适合广大葡萄种植户及相关技术人员使用，也可供农林院校相关专业的师生阅读参考。

图书在版编目（CIP）数据

怎样提高葡萄种植效益/许领军，孙海生，许利青主编. —北京：机械工业出版社，2020.7

（专家帮你提高效益）

ISBN 978-7-111-65541-1

Ⅰ.①怎…　Ⅱ.①许…②孙…③许…　Ⅲ.①葡萄栽培　Ⅳ.①S663.1

中国版本图书馆CIP数据核字（2020）第075413号

机械工业出版社（北京市百万庄大街22号　邮政编码100037）

策划编辑：高　伟　　　　责任编辑：高　伟

责任校对：张玉静　闫玥红　责任印制：孙　炜

保定市中画美凯印刷有限公司印刷

2020年7月第1版第1次印刷

145mm×210mm · 5.75印张 · 4插页 · 193千字

0001—1900册

标准书号：ISBN 978-7-111-65541-1

定价：29.80元

电话服务　　　　　　　　　　网络服务

客服电话：010-88361066　　机　工　官　网：www.cmpbook.com

　　　　　010-88379833　　机　工　官　博：weibo.com/cmp1952

　　　　　010-68326294　　金　书　网：www.golden-book.com

封底无防伪标均为盗版　　　　机工教育服务网：www.cmpedu.com

前 言 / PREFACE

葡萄属于落叶藤本植物，一年之内的生长量大，大多数品种在定植后第二年就会有一定的产量，属于见效益很快的树种之一。正是由于上述原因，我国的葡萄栽培面积逐年增加，全国各地都在发展葡萄种植。但在生产实践中，许多种植户由于没掌握科学的种植方法，造成葡萄园处于低效益状态，有的葡萄园还连续多年存在亏损现象。

许多新发展的葡萄种植户以前没有接触过葡萄，看到别人种植葡萄能发家致富，自己也盲目跟从。由于不考虑当地的气候和土壤条件，不进行实地考察，盲目引进新品种和建园，再加上自己不懂葡萄种植技术，不以生产优质葡萄果品来赢得市场，而是一味地追求产量，想以多取胜，结果往往适得其反：品种不适合当地的气候条件，严重发生多种病虫害，造成极大的损失；建园不科学，不能进行机械化作业，完全只能依赖人工作业，效率极低并且成本也很高；一味追求产量，生长期保留新梢过多，致使葡萄架面郁闭，通风透光不良，遇到多雨的年份，病害发生极其严重，往往使丰收在望的葡萄果实在几天之内就烂掉很大一部分，剩下的葡萄果实有时连当年的成本都收不回，更别说获得较高的经济效益了；发生病虫害时，不能准确判断病虫害的具体种类，不能科学地使用农药进行防治，盲目用药反而治不了病虫害；采摘后不挑不拣不分级，好坏果实堆在一起卖，优质葡萄果实卖不出高价格，一般品质的葡萄果实售价很低甚至卖不出去。

针对我国目前的葡萄生产现状，本书详细剖析了葡萄生产中各个环节存在的问题，并针对存在的问题，介绍了科学的解决方法和高效益栽培管理技术。

需要特别说明的是，本书所用药物及其使用剂量仅供读者参考，不可照搬。在实际生产中，所用药物学名、常用名与实际商品名称有差异，药物浓度也有所不同，建议读者在使用每一种药物之前，参阅厂家提供的产品说明以确认药物用量、用药方法、用药时间及禁忌等。

在本书编写过程中，编者查阅、借鉴了大量的相关资料，在此一并向原著作者表示衷心感谢！

由于编者水平有限，书中难免存在不足或错误之处，敬请各位专家和葡萄种植户批评指正。

编　者

目 录 / CONTENTS

第一章
概　述

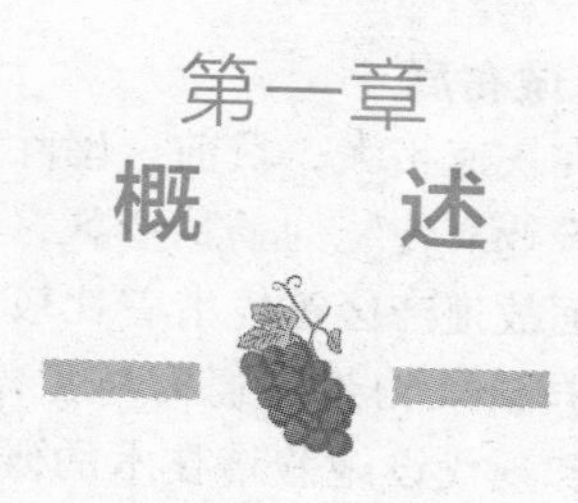

第一节　我国葡萄目前栽培概况

一、我国葡萄生产现状

1. 我国葡萄生产概况

截至2017年年底，我国葡萄栽培面积达76.7万公顷，占世界葡萄总栽培面积的6.63%，居世界第五位；产量达1254.6万吨，占世界葡萄总产量的43.8%，居世界第二位；鲜食葡萄的栽培面积和产量已经持续多年居世界第一位。我国葡萄生产发展很快，栽培面积仅次于柑橘、苹果、梨、桃和荔枝，居于第六位，产量也处于第六位。

近30年来，我国葡萄种植面积虽然有所反复，但总体趋势呈现增长势头；葡萄总产量一直呈上升趋势，单产总体也在增长。尤其是在近几年，葡萄的总产量再创历史新高（表1-1）。

表1-1　近几年我国葡萄生产发展状况

年　份	葡萄面积/万公顷	葡萄总产量/万吨
1950	0.320	3.8
1959	1.80	12.5
1979	4.380	25.1
1989	20.80	87.4
1999	33.40	270.81
2009	49.30	794.06
2017	76.70	1254.6

2. 我国葡萄生产区域布局

我国葡萄栽培区域在快速扩大，目前全国除香港和澳门外的省区市都已经发展了葡萄种植产业。传统的葡萄产区，如新疆产区、渤海湾产区、黄土高原产区、黄河故道产区等凭借着比较优越的自然条件、丰富的栽培经验及雄厚的科技研发力量，葡萄与葡萄酒产业继续快速发展；随着葡萄新品种的选育和现代设施栽培技术的研发，长江流域及其以南地区的葡萄产业也在以较快的速度发展，一批新兴的葡萄产区如上海、浙江、江苏、广西、云南等产区已经形成。

我国地域辽阔，南北横跨寒温带、温带、亚热带、热带，气候多样性和地形的复杂性为葡萄的种植提供了有利的自然条件，形成了多个极具特色的葡萄种植区域。随着种植业结构的不断调整，葡萄栽培产业布局趋于集中，已经基本形成了几大产区，即新疆产区、甘肃和宁夏干旱产区、黄土高原干旱和半干旱产区、环渤海湾产区、黄河中下游产区、以长江三角洲地区为主体的南方葡萄产区、东北中北部葡萄产区，以及云贵川葡萄产区。

3. 我国葡萄生产的品种结构

在我国栽培的鲜食葡萄品种主要有巨峰、红地球、京亚、藤稔、夏黑、醉金香、户太8号、无核白鸡心。巨峰在我国各个葡萄产区均有栽培，是鲜食品种的第一栽培品种，据国家葡萄产业技术体系调查，巨峰占我国鲜食葡萄栽培面积的50%以上，主要以露地栽培为主。红地球在调查范围内占鲜食葡萄栽培面积的20%以上，在河南、河北、山东、山西、陕西、新疆等地以露地栽培为主，甘肃、内蒙古和东北地区以设施栽培为主，南方产区以避雨栽培为主。无核白鸡心，在东北产区以设施栽培为主，南方地区以避雨栽培为主，西北和华北以露地栽培为主。

二、我国葡萄采后贮运现状

我国鲜食葡萄长期贮藏保鲜量为40多万吨/年，占鲜食葡萄总产量的10%~15%，主要有巨峰、红地球、龙眼、玫瑰香、马奶子、木纳格等品种。

环渤海湾是我国最大的鲜食葡萄长期贮藏保鲜区，2010年贮藏量为20万吨；中西北地区是最具有发展潜力的鲜食葡萄贮藏地区，贮藏量为5万吨；近几年南方地区葡萄采后贮藏保鲜发展速度很快。

在我国，85%~90%的鲜食葡萄采后经过预冷，立即经物流运输投放市场。其中85%经过公路运输，15%经过铁路运输。公路运输中80%用的是简易保冷技术，20%是集装箱冷藏运输。铁路冷藏运输主要用于新疆葡萄向我国南方沿海地区的物流。我国用于鲜食葡萄物流的冷藏库容量达70万吨，前期用于葡萄预冷并立即运输，后期有一部分贮藏库用于长期保鲜贮藏。鲜食葡萄物流保鲜是我国果蔬低温物流冷链保鲜做得最成功的果蔬产品之一。

三、我国葡萄市场与消费现状

1. 市场供销概况

（1）市场供给量　在开放的市场条件下，国内市场的供给一方面来源于国内的生产，另一方面来源于进口。但我国鲜食葡萄的市场供给量在持续增长，这主要取决于国内鲜食葡萄生产量的持续显著增长。

（2）市场消费量　我国鲜食葡萄市场供给的主体是国产葡萄，因而我国消费者所消费的鲜食葡萄也以国产葡萄为主。随着我国国内供给总量的增长，消费者对葡萄的消费也在显著增长。

2. 市场供给和消费结构

在我国鲜食葡萄生产供给中，以自产葡萄为主，进口葡萄占比较低；而且由于近几年我国鲜食葡萄出口量不断增长，而进口量有所减少，因而国内市场中的国产葡萄份额在增加，进口葡萄的份额在减少，进口葡萄的冲击也逐渐弱化。

根据国家葡萄产业技术体系对北京、天津、南京等主要大型水果批发市场的调研情况，进入我国的进口鲜食葡萄主要以智利和美国的红提、青提为主。进口葡萄多采用单穗包装，保护性强，流通环节的破损率低，销售单价较高。

3. 市场价格

根据国家葡萄产业技术体系2017年调研情况，我国葡萄的市场售价大多数在6~16元/千克；经济发达地区的售价明显高于经济欠发达地区，销地市场售价明显高于产地售价。售价较高的有利用促早或延迟栽培从而错季销售的设施葡萄，以及带有观光、采摘、休闲活动的采摘园；而低价葡萄要么所在地偏僻，物流、营销水平受限，要么产品质量较差，大众市场不接受。

第二节　我国葡萄生产效益低的问题

一、对品种认识不够，盲目引进新品种

许多葡萄种植者在选择品种的时候，很少进行实地考察，只是看些品种宣传广告。21 世纪以来，不少科技杂志广告页数超过正文页数，网络、邮寄、葡萄会议上散发的品种广告更多。在这些广告中有些不良苗木经销商，在宣传品种特性的时候存在以下问题：一是夸大优点，回避缺点，任意夸大葡萄果粒重量及含糖量，对不良性状如难着色、易裂果、易产生无核果、坐果不好、抗病性较差等几乎全部回避；有的甚至将中熟品种介绍为早熟品种；二是不用原名，自行改名，造成有的果农种植多个品种，到结果时才发现是一个品种；三是种植者依据广告在选择品种的时候，只看到新品种优点，看不到新品种的缺点，有的是只追求新、奇、特，而不考虑自身的栽培技术水平和地域条件，盲目引进新品种。

二、优良苗木繁殖体系不健全，苗木质量低

长期以来，我国葡萄苗木繁育以个体经营为主，缺乏正规的、规模化的葡萄苗木生产企业，出圃苗木质量参差不齐；苗木生产混乱，假苗现象时有发生，生产流通缺乏有效管理与监督；葡萄检疫性病虫害（如葡萄根瘤蚜和葡萄病毒病等）有逐步蔓延之势；苗木多为自根苗，抗砧嫁接重视不够。

三、盲目大面积建园，后续资金跟不上

近几年来，土地流转和休闲观光采摘园呈一窝蜂状态发展，以葡萄为主题的农庄、观光园、采摘园遍地开花，规模大小不一。尤其以民营企业为主体，政府支持的项目普遍存在急于立项上马的状况。有的为了扩大影响力，盲目建园，面积为几百亩（1 亩≈666.7 米^2），有的甚至达上千亩。在建园初期，由于自身的经济实力和政府的扶持资金，表面上红红火火一片繁荣，随着自身经济实力消耗、政府不再扶持，逐渐出现衰败现象，最终倒闭。

四、技术推广体系不健全，整体管理水平不高，单位面积产量低

目前我国的农业推广技术工作只下放到县级农业局，而乡镇农技站基本上不从事农业技术推广工作，甚至有的县级农业局也没有专业的葡

萄技术推广人员，从而出现技术推广脱节现象，葡萄种植者没有技术人员进行指导。在没有技术指导的条件下，大多数葡萄种植者只能依靠书籍、视频、会议听课进行种植，有的干脆就是盲目种植。在这样的情况下种植者的水平普遍很低，葡萄病虫害发生严重，在接近成熟期出现大量的烂果，导致产量很低，对种植者造成极大的损失。有的葡萄种植者选择的品种，不适合该区域的气候条件，冬季发生严重的冻害，造成全园冻死毁园现象，冻害轻的第二年萌芽不整齐、花序很少，基本没有产量。有的葡萄种植者没有掌握所选择品种的特性，没有按照品种特性进行管理，从而出现花序很少、无花序现象。有的葡萄种植者连年管理不良，造成坐果率很低、大小粒现象非常严重。

五、分散种植，产业化程度低

目前我国葡萄种植大多数还是以家庭为主的种植模式，规模小、投入不足，产业的组织化程度很低，小生产与大市场矛盾突出。龙头企业或专业合作社规模小、数量少，市场竞争能力不足，对产业的带动能力不够。由于种植规模小、组织性差，葡萄生产标准化程度低，缺乏区域性统一的规范操作，未建立起优质、稳产、安全、高效的标准化生产技术与管理体系。

第三节　提高葡萄种植效益的方法

一、选择适合的优良品种

目前在我国栽培的鲜食葡萄品种有100多个，每个品种都有其优缺点，没有十全十美的，在选择品种的时候要注意以下条件。

1）在选择品种时，葡萄种植者应根据生产和区域生态条件选择适合的品种。

2）主栽品种不宜过多。种植者根据面积大小，选择若干个主栽品种（3~5个），不能求多、求全。如果有兴趣引种，每个品种几株，最多十几株就够，不能太多、太全。旅游观光园可以多选择品种，但也不宜太多，控制在10个左右，品种太多管理不好。

3）推广嫁接苗木。不宜选用扦插苗的品种或地区应选用嫁接苗，特别是生长势弱的品种、容易发生冻害的地区、有根瘤蚜的地区等一定要用嫁接苗。

4）根据市场适时调整品种。以葡萄单位面积产值为指标，当市场上出现产值高于主栽品种中的某个品种时，就要及时引进该品种。但是，在调整品种时要慎重，避免频繁和轻易调整品种。

二、建立健全优良苗木繁殖体系

依托国家葡萄产业技术体系，建立葡萄良种苗木繁殖体系和国家葡萄病毒检测中心，对国内主要品种和砧木进行脱毒，建立无病毒原种圃和采穗圃。扶持现代化苗木企业的建设，实施“苗木生产经营许可证”和“植物检疫许可证”制度，建立苗木生产流通档案，加强监管。加强抗砧嫁接的研究与利用，逐步建立良种无病毒嫁接苗木补贴政策与监管机制。

三、建园应科学规划

（1）慎重定位 在投身葡萄产业前要慎重，分析自身条件和建园所在地的生态环境，不要勉强上马，以免被动。在发展工业征用土地的浪潮中，土地被征用获得赔偿款是保护农民的利益；葡萄种植者不宜为获得赔偿款而较大面积种植葡萄，应立足于葡萄园的自身效益。获得政府定向资金支持的应根据自身条件确定面积，不宜为了这批资金支持而盲目追求面积。

（2）种植面积应逐步扩大 没有种过葡萄的先在较小面积范围内实践，积累经验后逐步扩大。种植面积越大成本越高，再加上种植水平较低、管理不善，葡萄果实品质下降，效益就会降低。面积定位要根据自身条件，不宜盲目扩大。

（3）建园立地条件 葡萄园应选择地势开阔、背风向阳、土层深厚且肥沃的地块，交通便利方便运输，并且排灌条件好。对于土壤肥力较低的地块，在种植葡萄前一定要进行改土施肥工作。在葡萄园地的选择上，应根据葡萄的生长习性，以适宜葡萄生长的沙壤土为最佳，要充分考虑葡萄种植后的成活率和长势，以保证资源的科学合理配置。

四、建立健全技术推广体系，提高栽培管理水平

政府部门要加强农业推广体系的建设，大量培养葡萄种植技术人员。在生长季节根据生长情况定期或不定期开展葡萄栽培技术讲座，提高葡萄种植者的栽培管理水平。各级业务主管部门通过举办培训班、专题讲座、发放技术资料、现场操作指导等形式，对广大葡萄种植户进行

技术培训，力争达到科技宣传到村、技术培训到户、示范指导到田。同时，着力培养一批懂技术、会管理、善于经营的农民技术骨干，于每年冬夏修剪、花果管理、病虫害防治和越冬防寒等管理时全程带动指导，为规范化操作和标准化生产提供便利条件，提高广大葡萄种植者的栽培管理技术水平。

五、实行规模化、标准化种植

种植规模不宜太小，最好一个村或一个乡镇集中连片种植，积极发展经济合作组织和葡萄专业合作社。结合各乡镇的立地条件和栽培特点，以专业村组建设为重点，集中连片、规模发展，形成乡镇小基地、全县大产业的发展格局。创造有利环境，培育壮大龙头企业。制定统一的生产标准，以便生产穗形整齐的葡萄果实，提高市场竞争力。葡萄种植重点乡镇应建设3～5个标准化种植示范园区，其他乡镇建设1～2个标准化种植示范园区，对确定的标准化种植示范园区进行重点扶持和指导，确保抓一点成一点，带一片富一片。

【提示】

① 葡萄种植者在种植葡萄前一定要考察市场，看什么样的葡萄售价高，以便引进品种和进行生产定位。在引进品种的时候不要完全听信广告，要实地进行品种考察，了解品种真正的优缺点，更不要追求新、奇、特、第一等盲目宣传的品种。

② 先小面积种植葡萄，经过2～3年掌握一定的经验后，再根据自身条件和市场需求扩大种植面积。如果一次种植面积较大，一定要聘请当地有丰富种植经验的人员来指导生产。

③ 在生产之前要对自己的葡萄园进行生产的果实品质定位，制定出生产标准，全年一定要按照生产标准执行。

④ 种植者要多出去参观考察，学习别人的先进经验，不要故步自封，停滞不前。

第二章
区域化高效益优良品种

第一节　葡萄栽培生态区域化存在的问题与误区

一、没有对本地区的生态条件进行区划

我国地域辽阔，南北横跨寒温带、温带、亚热带、热带气候，不同的产区所处的气候可能不同，多数葡萄种植者不了解本地区葡萄生长所需要的活动积温、最热月温度、冬季低温、生育期长短、霜冻、降水量、日照长短。不知道种植葡萄所在地区处在哪个区域，就不知道该采用什么样的栽培技术，冬季用不用埋土防寒，着色期的温差有多大，葡萄容不容易着色，生长季节雨水有多大量，病害是不是容易发生。比如，同样是河南省的葡萄栽培，黄河以南地区冬季温度较高，不需要进行埋土防寒工作，而黄河以北尤其是靠近安阳地区，冬季温度较低，需要进行埋土防寒工作，否则就会发生冻害，轻者萌芽迟且不整齐，重者部分枝条或整株冻死。黄河以南漯河以北地区的气候，与漯河以南的信阳地区的气候也明显不同，信阳地区夏季的雨水明显多于漯河以北地区，生长期进入雨季早并且雨水多，病虫害相对也就发生得早、重，如果按照北部雨水少的地区进行栽培，那么病虫害就发生严重。

【提示】

（1）活动积温　指葡萄从萌芽到成熟期间，10℃以上的温度累加值。不同成熟期的葡萄，其活动积温不同。

（2）最热月温度　指葡萄生长期温度最高月的平均温度。

（3）冬季低温　指冬季室外实际测到的温度，年极端最低温度多年平均在－17℃以下，冬季就需要进行埋土防寒。

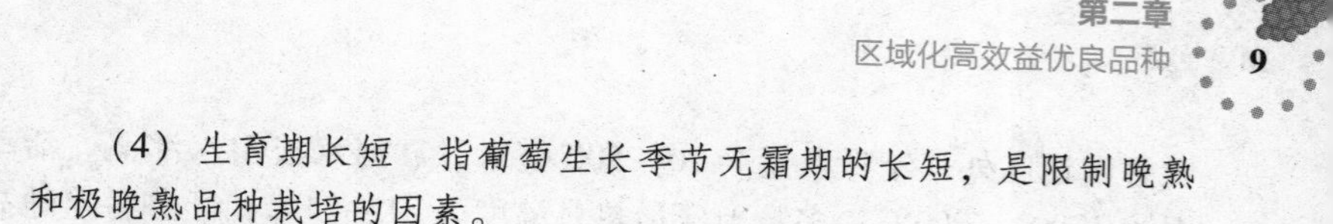

（4）生育期长短　指葡萄生长季节无霜期的长短，是限制晚熟和极晚熟品种栽培的因素。

（5）霜冻　霜冻频繁是北方少雨区发展葡萄生产的重要限制因素。

二、没有做好本地区葡萄品种的生态条件区划

大多数葡萄种植者，没能根据本地区的生态条件选择品种。比如，有的在东北寒冷地区种植不抗冻害的品种；有的在南方雨热同季的地区种植抗病性低的品种；有的在生长期短的地区种植晚熟或极晚熟的品种，造成生长天数不足，果实不能成熟；有的在着色期温差小的地区种植不易着色的品种，造成着色难，外观品相差。

我国长江流域以南地区，葡萄生长期处于高温高湿季节，枝条容易徒长而不容易形成花芽，若种植欧亚种品种就会难形成花芽，并且形成花芽的节位高，修剪技术不到位就会造成花少甚至没有花，严重影响产量。东北寒冷地区，如果种植金手指这个品种，冬季防寒工作做得不到位就会发生严重的冻害，因为金手指极其不抗冻，在河南省栽培有时也会发生冻害。若在郑州地区栽培京秀，这个品种在着色时正是高温季节，温差小，便不容易着色，即使着色也是浅红色，很少呈鲜红色；而在北京地区就很容易着色，并且着的还是鲜红色。

第二节　做好葡萄栽培生态区划，提高葡萄种植效益

一、东北中北部葡萄栽培区

该区包括吉林、黑龙江省，属于寒凉半湿润、湿润气候区，为欧美种次适区或特殊栽培区，山葡萄及山欧杂种适宜区或次适区，多数地区年平均温度大于7℃，活动积温小于3000℃，最热月温度为21～23℃，多数地区冬季极端低温在－30℃以下，年降水量为300～1000毫米，由西向东逐渐增高。该区气候冷凉，冬季严寒需要重度埋土防寒，或实行保护地栽培，活动积温不足和生育期短限制了葡萄的发展，只能栽培中、早熟品种。

二、西北部葡萄栽培区

西北干旱、半干旱葡萄产区包括新疆、宁夏、甘肃及内蒙古。该区

除甘南地区外，年降水量为 20～500 毫米，靠河水或雪水灌溉。活动积温为 3000～5000℃，多数地区最热月温度为 21～24℃，吐鲁番盆地高达 28℃以上。甘肃的甘南属于亚热带，新疆塔里木盆地及吐鲁番地区属于温带，其余地区属于中温带。

1. 新疆产区

新疆南部产区生长期长，夏季不像吐鲁番盆地那样酷热，是我国生产晚熟、极晚熟耐贮运品种的最佳产区之一，红地球、秋黑、圣诞玫瑰及意大利等品种已开始种植。新疆北部产区夏季冷凉，气候干燥又有雪水灌溉，是我国生产干酒、半干酒、香槟酒、白兰地酒的最佳产区之一。

2. 甘肃产区

酒泉等河西走廊西部产区，降水稀少，炎热干燥，是晚熟耐贮运鲜食品种的理想产区。河西东部产区，包括张掖、武威等低海拔地区，夏季气候凉爽，生育期较长，早、中熟欧亚种品种已经开始种植。甘肃东部的黄河沿岸地区，以鲜食品种为主。陇东高原地区具有黄土高原的生态环境特征，宜发展晚熟耐贮运鲜食品种，陇南山区宜适量发展巨峰等欧美种。

3. 内蒙古产区

内蒙古产区以巨峰等欧美种为主，适量发展一些欧亚种。

4. 宁夏产区

该区由于地势高，生长期温度不足，只能利用河谷地带向阳坡地栽培葡萄，适宜欧亚种早熟、中晚熟品种栽培，银川以北适宜发展欧美种。

三、黄土高原葡萄栽培区

黄土高原产区包括陕西省及山西省，该区除汉中地区属于北亚热带湿润区外，大部分属于温带和中温带半湿润区，少数属于半旱地区。活动积温为 3000～4500℃，年降水量为 300～700 毫米，北部偏少，南部偏多。

1. 陕西产区

陕西产区的葡萄栽培以鲜食品种为主，近年来开始重视发展晚熟耐贮运鲜食品种。

2. 山西产区

山西产区是发展晚熟耐贮运品种的适宜产区。

四、环渤海湾葡萄栽培区

环渤海湾产区指环渤海湾周围各省市，包括辽宁省、山东省、河北省和京津地区。该地区多为暖温带半湿润气候，少数地区为半干旱区和半湿润区。无霜期在180天以上，活动积温为3500～4500℃，7月平均气温为23～27℃，年降水量为500～800毫米，7～8月为降雨高峰，7月降水量多超过150毫米。

1. 河北产区

河北产区中最古老的产区是张家口地区，主栽品种是龙眼，其次为牛奶，近年来红地球等晚熟耐贮运品种的栽培面积也在逐步扩大。巨峰和玫瑰香的栽培面积也不小，夏黑、阳光玫瑰等新品种的种植面积也在扩大。

2. 辽宁产区

该区中的葡萄老产区是辽西地区的北镇市，以及辽南地区的盖州市、大连市，以前的主栽品种为龙眼和玫瑰香，随着巨峰的引进，逐渐取代老品种，无核白鸡心、里扎马特等品种也有一定的栽培面积。

3. 山东产区

胶东半岛属于海洋性气候，年降水量在600毫米左右，成熟季节降水偏多，但夏季温度不高，有利于增进色泽和风味，适宜发展晚熟、极晚熟欧亚种优良鲜食品种。大泽山平度地区是我国最古老的鲜食葡萄产区之一，早期栽培的品种是龙眼和玫瑰香，近些年来发展了巨峰、泽香、泽玉等品种。山东省西部地区，由于成熟季节温度偏高，对着色不利，有些品种在雨季容易发生裂果。

4. 京津产区

北京市延庆区、天津蓟州区山区，夏季较凉爽，是优质的鲜食葡萄生产基地，但极少数晚熟品种在延庆区不能获得最佳品质。目前，北京市延庆、通州、顺义、大兴四区，已积极发展晚熟耐贮运品种和大粒无核品种。玫瑰香品种较强的耐盐碱能力和在滨海盐碱地上的特异品质，使天津滨海新区的玫瑰香成为远近闻名的地方名优产品。

五、黄河故道葡萄栽培区

该区包括河南省及山东省西南部、江苏北部及安徽北部产区，除河南南阳盆地属亚热带湿润区外，其余属暖温带半湿润区。无霜期为200～220天，活动积温为4000～5000℃，7月平均气温为27℃左右，年降水量为600~900毫米。该区域适宜大多数鲜食品种栽培，但黄河以北有些地区和品种在冬季需要进行埋土防寒（图2-1）。

图2-1 埋土防寒

六、南方葡萄栽培区

南方产区为长江中下游以南的亚热带、热带湿润区，包括上海、江苏、浙江、福建、台湾、江西、安徽、湖北、湖南、广东、广西、海南，以及四川、重庆、云南、贵州、西藏等省区市的部分地区，为美洲种和欧美种次适宜栽培区或特殊栽培区（图2-2）。

图2-2 南方葡萄栽培图

1. 以岭南为北界

西经桂中、滇南到中缅边界，包括闽南、滇南、广东、广西大部、海南及台湾，属热带及亚热带湿润区，活动积温为6000~9000℃，无霜期在335天以上，年降水量在1500毫米以上。东部沿海、海南西南沿海降水略少，约1200毫米，全年日照1800~2200小时。在南部地区，葡萄无明显休眠期，可全年生长，冬季低温可勉强满足欧美种越冬要求，但普遍表现春季萌芽率低。高温多湿及台风危害是葡萄发展的主要气候障碍，现有品种多为欧美种。

2. 长江中下游

上海、南京、合肥、武汉及以南地区，四川盆地沿成都、重庆、马尔康一线以南的亚热带地区，包括我国除云贵川高原少数半湿润区以外的广大地区属中亚热带、北亚热带湿润区，活动积温为4500～6500℃，无霜期为220～325天，年降水量为1000～1500毫米，除东部沿海地区，生长期普遍阴雨天较多，一般日照1700小时左右，较少地区只有1100～1300小时。该区域栽培的葡萄以巨峰和巨峰系品种为主，其他的欧亚种也有一定的栽培面积。

七、云贵川葡萄栽培区

该产区包括四川西部马尔康以南，雅江、小金、茂县、理县、巴塘等西部高原河谷地带，云南省昆明、楚雄、大理、玉溪、曲靖、红河等高原地区及贵州省西北部的河谷地区，为亚热带湿润区。该区域气候垂直分布，差异较大。多数地区无霜期为200～300天，活动积温为3000～5000℃，7月平均气温为20℃左右，年降水量为500～800毫米，个别地区虽雨水较多，但阵雨天气较多，云雾少，少数地区年降水量只有300～400毫米，属于干旱区，日照2000小时以上，适宜栽培避雨欧美种及欧亚种，果色艳丽、香味浓郁。

第三节　获得高效益的葡萄品种

一、欧亚种

1. 京秀

京秀（彩图1）由中国科学院植物研究所北京植物园杂交选育，亲本为潘诺尼亚和玫瑰香×红无籽露，1994年通过鉴定。

(1) 生长特点　京秀生长势中庸偏旺，结果母枝粗度平均为0.9厘米，萌芽率为85%，结果枝率为54%，结果系数为1.21。

(2) 果穗经济性状　果穗为带副穗的圆锥形，平均果穗重500克左右。坐果率极高，果粒着生极紧密，果穗非常紧凑。果粒为椭圆形，平均粒重7克左右。在郑州地区果粒着色一般，产量过高时着浅红色，产量较低时着鲜红色。果肉硬脆，汁液中多，可溶性固形物含量为18%左右，味道甜，略具有淡玫瑰香味，口感较好。耐贮运性强，果穗在树上挂1个月，果粒也不变软、不回糖。

(3) 抗病性 京秀对白腐病、黑痘病等病害的抗性较强，对霜霉病等抗性较弱。

(4) 物候期 京秀在郑州地区4月初萌芽，5月中旬开花，7月下旬着色，8月上旬成熟，11月中旬落叶。

(5) 评价 优点：京秀成熟期早，极丰产，味道甜，具有淡玫瑰香味。缺点：坐果率极高，需要大量人工进行疏花疏果，产量过高时果粒着色较浅，品质下降。

(6) 栽培技术要点 京秀坐果率极高，容易造成产量高负载过重。在栽培上要注意控制产量，每亩产量控制在1500千克左右。每亩留枝量为3000条左右，每个果穗重量在500克左右，每个果穗留果粒55～60粒。

2. 矢富罗莎

矢富罗莎（彩图2）又名罗莎、亚都蜜、粉红亚都蜜、兴华1号、法国早提等，由日本矢富良宗杂交选育，亲本为潘诺尼亚和莎巴珍珠×楼都玫瑰，山东省农业科学院于1994年从日本引入。

(1) 生长特点 矢富罗莎生长势中庸偏旺，结果母枝粗度平均为1.0厘米，萌芽率为87%，结果枝率为47.5%，结果系数为1.5。

(2) 果穗经济性状 果穗为分枝形、圆锥形，平均果穗重500克左右。坐果率极高，果粒着生紧密，果穗十分紧凑。果粒为椭圆形，平均粒重10克左右。在郑州地区果粒着色正常，整个果粒着紫红色。果肉较脆，汁液中多，可溶性固形物含量为18%左右，味道甜，无香味，口感较好。

(3) 抗病性 矢富罗莎对白腐病、黑痘病等病害的抗性较强，对霜霉病等抗性中等。

(4) 物候期 矢富罗莎在郑州地区4月初萌芽，5月中旬开花，7月下旬着色，8月上旬成熟，11月中旬落叶。

(5) 评价 优点：矢富罗莎成熟期早，味道甜，果肉硬脆。缺点：坐果率极高，需要大量人工进行疏花疏果，产量过高时果粒着色较浅，酸味加重，品质下降。

(6) 栽培技术要点 矢富罗莎成花能力中等偏低，促进成花是其栽

培要点。在栽培上要注意控制产量，每亩产量控制在1200千克左右。每亩留枝量为3000条左右，每个果穗重量在400克左右，每个果穗留果粒45～50粒。

3. 奥古斯特

奥古斯特（彩图3）由罗马尼亚布加勒斯特农业与兽医大学杂交选育，亲本为意大利和葡萄园皇后，河北省农林科学院昌黎果树研究所于1996年从罗马尼亚引入。

（1）生长特点 奥古斯特生长势中庸偏强，结果母枝粗度平均为1.2厘米，萌芽率为90%，结果枝率为54%，结果系数为1.7。

（2）果穗经济性状 果穗为圆锥形，平均果穗重500克左右。坐果率极高，果粒着生紧密，果穗非常紧凑。果粒为椭圆形，平均粒重10克左右。在郑州地区果粒着色正常，整个果粒着黄绿色。果肉较脆，汁液中多，可溶性固形物含量为18%左右，味道甜，具有玫瑰香味，口感较好。

【注意】

如果栽培技术不到位，就容易出现大小粒现象，有裂果现象。

（3）抗病性 奥古斯特对白腐病、黑痘病等病害的抗性较强，对霜霉病等抗性较弱，出现裂果后极易发生酸腐病。

（4）物候期 奥古斯特在郑州地区4月初萌芽，5月中旬开花，7月下旬着色，7月底成熟，11月中旬落叶。

（5）评价 优点：奥古斯特成熟期早，味道甜，具有玫瑰香味。缺点：果粒有大小粒现象和裂果现象，产量过高时果粒着色较浅，品质下降。

（6）栽培技术要点 奥古斯特成花能力中等，控制产量促进成花。在栽培上要注意控制产量，每亩产量控制在1500千克左右。每亩留枝量为3000条左右，每个果穗重量在500克左右，每个果穗留果粒45～50粒。

4. 维多利亚

维多利亚（彩图4）由罗马尼亚德哥沙尼试验站杂交选育，亲本为绯红和保尔加尔，河北省农林科学院昌黎果树研究所于1996年从罗马尼亚引入。

（1）生长特点 维多利亚生长势中庸，结果母枝粗度平均为0.97

厘米，萌芽率为90%，结果枝率为67%，结果系数为1.9。

(2) 果穗经济性状　果穗为圆锥形，平均果穗重500克左右。坐果率较高，果粒着生紧密，果穗较紧凑。果粒为椭圆形，平均粒重11克左右。在郑州地区果粒着色正常，整个果粒着绿黄色。果肉脆，汁液中多，可溶性固形物含量为15%左右，味道甜，无香味，口感较好。栽培技术不到位容易出现大小粒现象，有裂果现象。

(3) 抗病性　维多利亚对白腐病、黑痘病等病害的抗性较强，对霜霉病抗性较弱，果粒裂果后极易发生酸腐病。

(4) 物候期　维多利亚在郑州地区4月初萌芽，5月中旬开花，7月下旬着色，8月初成熟，11月中旬落叶。

(5) 评价　优点：维多利亚成熟期早，成花能力强，坐果率高，丰产性强，栽培技术较简单。缺点：果粒有大小粒现象和裂果现象，产量过高时果粒着色较浅，酸味加重，品质下降。

(6) 栽培技术要点　维多利亚容易成花并且结果系数高，容易造成产量高负载过重。在栽培上要注意控制产量，每亩产量控制在1500千克左右。每亩留枝量为3000条左右，每个果穗重量在500克左右，每个果穗留果粒45~50粒。

5. 香妃

香妃（彩图5）由北京市农林科学院林业果树研究所杂交选育，亲本为玫瑰香×沙巴珍珠和绯红，育种代号14-5-1，2000年。

(1) 生长特点　香妃生长势中庸，结果母枝粗度平均为1.02厘米，萌芽率为90%，结果枝率为67%，结果系数为1.82。

(2) 果穗经济性状　果穗为带副穗的圆锥形，平均果穗重400克左右。坐果率高，果粒着生紧密，果穗较紧凑。果粒为近圆形，平均粒重7克左右。在郑州地区果粒着色正常，整个果粒着黄绿色。果肉硬脆，汁液中多，可溶性固形物含量为18%以上，味道甜，具有浓郁的玫瑰香味，口感极佳。栽培技术不到位会出现裂果现象。

(3) 抗病性　香妃对白腐病、黑痘病等病害的抗性较强，对霜霉病、灰霉病等抗性较弱。

(4) 物候期　香妃在郑州地区4月初萌芽，5月中旬开花，7月下旬着色，7月底成熟，11月中旬落叶。

(5) 评价　优点：香妃成熟期早，味道甜，具有浓郁的玫瑰香味。缺点：果粒小且有裂果现象，产量过高时果粒着色较浅，品质下降。

(6) 栽培技术要点　香妃容易成花并且结果系数高，容易造成产量高负载过重。在栽培上要注意控制产量，每亩产量控制在1200千克左右。每亩留枝量为3000条左右，每个果穗重量在400克左右，每个果穗留果粒55~60粒。

6. 早黑宝

早黑宝（彩图6）由山西省农科院杂交选育，亲本为瑰宝和早玫瑰，用0.6%秋水仙素处理种子获得四倍体植株，2000年育成四倍体的早黑宝。

(1) 生长特点　早黑宝生长势中庸偏弱，结果母枝粗度平均为0.98厘米，萌芽率为91%，结果枝率为78%，结果系数为1.96。

(2) 果穗经济性状　果穗为圆锥形，平均果穗重400克左右。坐果率高，果粒着生紧密，果穗较紧凑。果粒为椭圆形，平均粒重7克左右。在郑州地区果粒着色正常，整个果粒着紫黑色。果肉硬脆，汁液中多，可溶性固形物含量为18%以上，味道甜，具有浓郁的玫瑰香味，口感极佳。栽培技术不到位会出现大小粒现象。

(3) 抗病性　早黑宝对白腐病、黑痘病等病害的抗性较强，对霜霉病抗性较弱。

(4) 物候期　早黑宝在郑州地区4月初萌芽，5月中旬开花，7月下旬着色，7月底成熟，11月中旬落叶。

(5) 评价　优点：早黑宝成熟期早，味道甜，具有浓郁的玫瑰香味。缺点：果粒有大小粒现象，产量过高时果粒着色较浅，品质下降。

(6) 栽培技术要点　早黑宝容易成花并且结果系数高，容易造成产量高、负载过重。在栽培上要注意控制产量，防止树势衰弱并促进果粒增大，每亩产量控制在1200千克左右。每亩留枝量为3000条左右，每个果穗重量在400克左右，每个果穗留果粒55~60粒。

7. 里扎马特

里扎马特（彩图7）又名玫瑰牛奶、理查马特、里扎马达，由苏联育成，亲本为可口甘和帕尔肯特，1961年引入我国。

(1) 生长特点　里扎马特生长势旺，结果母枝粗度平均为1.04厘米，萌芽率为89%，结果枝率为45.1%，结果系数为1.13。

(2) 果穗经济性状　果穗为分枝形，平均果穗重800克左右。坐果率高，果粒着生紧密，果穗较紧凑。果粒为长圆柱形，平均粒重10克左右。在郑州地区果粒着色一般，整个果粒着浅红色或紫红色。果肉硬脆，果皮薄，汁液中多，可溶性固形物含量为18%以上，味道甜，具有牛奶香味，口感脆甜、爽口。如果栽培技术不到位，就会出现裂果现象。

（3）抗病性　里扎马特对黑痘病等病害的抗性较强，对霜霉病、白腐病、炭疽病等抗性较弱。

（4）物候期　里扎马特在郑州地区4月初萌芽，5月中旬开花，7月下旬着色，7月底成熟，11月中旬落叶。

（5）评价　优点：里扎马特成熟期早，味道甜，具有牛奶香味。缺点：果粒有裂果现象，产量过高时果粒着色较浅，品质下降。

（6）栽培技术要点　里扎马特成花能力中等，要注意控制产量促进成花。在栽培上要注意控制产量，每亩产量控制在1500千克左右。每亩留枝量为3000条左右，每个果穗重量在500克左右，每个果穗留果粒50～55粒。果穗成熟后及时采收，以免加剧裂果现象。

8. 红旗特早玫瑰

红旗特早玫瑰（彩图8）由山东平度红旗园艺场从玫瑰香园中芽变选育，2001年通过鉴定。

（1）生长特点　红旗特早玫瑰生长势中庸，结果母枝粗度平均为0.91厘米，萌芽率为70%，结果枝率为80%，结果系数为2.3。

（2）果穗经济性状　果穗为圆锥形，平均果穗重400克左右。坐果率高，果粒着生紧密，果穗较紧凑。果粒为扁圆形，平均粒重7克左右。在郑州地区果粒着色正常，整个果粒着紫红色。果肉硬脆，果皮薄，汁液中多，可溶性固形物含量为16%以上，味道甜，具有玫瑰香味，口感脆甜、爽口。栽培技术不到位会出现裂果现象。

（3）抗病性　红旗特早玫瑰对炭疽病、黑痘病等病害的抗性较强，对霜霉病、白腐病等抗性较弱。

（4）物候期　红旗特早玫瑰在郑州地区4月初萌芽，5月中旬开花，7月下旬着色，7月底成熟，11月中旬落叶。

（5）评价　优点：红旗特早玫瑰成熟期早，味道甜，具有玫瑰香味。缺点：果粒有裂果现象，产量过高时果粒着色较浅，品质下降。

（6）栽培技术要点　红旗特早玫瑰成花能力中等，要注意控制产量促进成花。在栽培上要注意控制产量，每亩产量控制在1000千克左右。每亩留枝量为3000条左右，每个果穗重量在400克左右，每个果穗留果粒55～60粒。果穗成熟后及时采收，以免加剧裂果现象。

9. 温克

温克（彩图9）又名魏可、美人呼，由日本山梨县志村富男杂交选育，亲本为蓓蕾玫瑰和甲斐路，南京农业大学园艺学院于1999年从日本引入。

（1）生长特点 温克生长势较旺，结果母枝粗度平均为1.21厘米，萌芽率为92%，结果枝率为86%，结果系数为1.9。

（2）果穗经济性状 果穗为圆锥形，平均果穗重500克左右。坐果率高，果粒着生紧密，果穗较紧凑。果粒为长椭圆形，平均粒重10克左右。在郑州地区果粒着色较好，整个果粒着浅红色至紫红色。果肉硬脆，果皮薄，汁液中多，可溶性固形物含量为19%以上，味道甜，略具有香味，口感脆甜、爽口。在硬核期果粒极易发生日烧现象。

（3）抗病性 温克对炭疽病、黑痘病等病害的抗性较强，对霜霉病、白腐病等抗性较弱。

（4）物候期 温克在郑州地区4月初萌芽，5月中旬开花，8月下旬着色，9月上旬成熟，11月中旬落叶。

（5）评价 优点：温克可溶性固形物含量极高，口感非常甜。缺点：果粒容易发生日烧现象，产量过高时果粒着色较浅，品质下降。

（6）栽培技术要点 温克成花能力中等，要注意控制产量促进成花。在栽培上要注意控制产量，每亩产量控制在1500千克左右。每亩留枝量为3000条左右，每个果穗重量在500克左右，每个果穗留果粒50~55粒。在果粒硬核期适当多留枝叶，防止日烧。

10. 红地球

红地球（彩图10）又名晚红、全球红、大红球、金藤4号，在果品市场中称为红提，由美国加利福尼亚州立大学杂交选育，亲本为C12-80和S45-48，是世界著名优良的鲜食品种，沈阳农业大学园艺系于1987年从美国引入。

（1）生长特点 红地球生长势中庸偏旺，结果母枝粗度平均为1.1厘米，萌芽率为76%，结果枝率为66%，结果系数为1.8。

（2）果穗经济性状 果穗为分枝形，平均果穗重800克左右。坐果率高，果粒着生紧密，果穗紧凑。果粒为近圆形，平均粒重11克左右。在郑州地区果粒着色正常，整个果粒着鲜红色。果肉硬脆，果皮薄，汁液中多，可溶性固形物含量为16%以上，味道甜，口感脆甜、爽口。

（3）抗病性 红地球对炭疽病、黑痘病等病害的抗性中等，对霜霉病、白腐病等抗性较弱。

（4）物候期　红地球在郑州地区 4 月初萌芽，5 月中旬开花，8 月中旬着色，8 月底成熟，11 月中旬落叶。

（5）评价　优点：红地球果粒较大，果肉硬脆，果穗极耐贮运。缺点：抗病性低，容易发生病害，果粒会发生日烧现象，产量过高时果粒着色较浅，品质下降。

（6）栽培技术要点　红地球成花能力中等，要注意控制产量促进成花。在栽培上要注意控制产量，每亩产量控制在 1500 千克左右。每亩留枝量为 3000 条左右，每个果穗重量在 500 克左右，每个果穗留果粒 50～55 粒。在果粒硬核期适当多留枝叶，防止果粒发生日烧。

11. 美人指

美人指（彩图 11）又名红指、红脂等，由日本植原葡萄研究所杂交育成，亲本为尤尼坤和巴拉蒂。中国农业科学院原顾问张春男先生于 1991 年从日本引入。

（1）生长特点　美人指生长势旺，结果母枝粗度平均为 1.12 厘米，萌芽率为 84%，结果枝率为 54.1%，结果系数为 1.53。

（2）果穗经济性状　果穗为圆锥形，平均果穗重 800 克左右。坐果率高，果粒着生紧密，果穗紧凑。果粒为长椭圆形，似小手指，有的果粒呈弯钩状，平均粒重 10 克左右。在郑州地区果粒着色正常，整个果粒着紫红色。果肉硬脆，果皮薄，汁液中多，可溶性固形物含量为 16% 以上，味道甜，不具有香味，口感脆甜、爽口。栽培技术不到位会出现裂果现象。

（3）抗病性　美人指对炭疽病、黑痘病等病害的抗性较强，对霜霉病、白腐病等抗性较弱，裂果后极易发生酸腐病，在硬核期果粒容易发生日烧。

（4）物候期　美人指在郑州地区 4 月初萌芽，5 月下旬开花，8 月下旬着色，9 月上旬成熟，11 月中旬落叶。

（5）评价　优点：美人指果形奇特，外观漂亮，果肉硬脆。缺点：果粒有裂果现象，产量过高时着色较浅，酸味加重，品质下降，果穗不耐贮运。

（6）栽培技术要点　美人指成花能力中等偏差，要注意控制产量促进成花。在栽培上要注意控制产量，每亩产量控制在 1500 千克左右。每亩留枝量为 3000 条左右，每个果穗重量在 500 克左右，每个果穗留果粒

55～60粒。在果粒硬核期适当多留枝叶，以免发生日烧。果穗成熟后及时采收，以免加剧裂果现象。

12. 比昂扣

比昂扣（彩图12）由日本植原葡萄研究所杂交育成，亲本为Rosaki和Muscat of Alexandria，1987年进行品种登记。1986年，中国科学院植物研究所北京植物园从日本引入。

（1）生长特点 比昂扣生长势中庸，结果母枝粗度平均为0.82厘米，萌芽率为68.3%，结果枝率为79.8%，结果系数为1.34。

（2）果穗经济性状 果穗为圆锥形，平均果穗重450克左右。坐果率高，果粒着生紧密，果穗较紧凑。果粒为短椭圆形，平均粒重10克左右。在郑州地区果粒着色正常，整个果粒着绿黄色。果肉硬脆，果皮薄，汁液中多，可溶性固形物含量为19%以上，味道甜，没有香味，口感脆甜、爽口。

（3）抗病性 比昂扣对炭疽病、黑痘病等病害的抗性较强，对霜霉病、白腐病等抗性较弱。

（4）物候期 比昂扣在郑州地区4月中旬萌芽，5月下旬开花，8月下旬着色，9月上旬成熟，11月中旬落叶。

（5）评价 优点：比昂扣可溶性固形物含量高，果肉硬脆、爽口。缺点：产量过高时果粒着色较浅，品质下降。

（6）栽培技术要点 比昂扣成花能力中等，要注意控制产量促进成花。在栽培上要注意控制产量，每亩产量控制在1200千克左右。每亩留枝量为3000条左右，每个果穗重量在400克左右，每个果穗留果粒45～50粒。

13. 甲斐乙女

甲斐乙女由日本山梨县志村富男育成，亲本为Rubel Muscat和甲斐路，1998年进行品种登记。1999年，南京农业大学园艺学院从日本引入。

（1）生长特点 甲斐乙女生长势旺，结果母枝粗度平均为1.23厘米，萌芽率为78%，结果枝率为64.4%，结果系数为1.37。

（2）果穗经济性状 果穗为圆锥形，平均果穗重400克左右。坐果率高，果粒着生紧密，果穗较紧凑。果粒为短椭圆形，平均粒重10克左右。在郑州地区果粒着色一般，整个果粒着浅红色。果肉硬脆，果皮薄，汁液中多，可溶性固形物含量为18%以上，味道甜，没有香味，口感脆甜、爽口。

(3) 抗病性　甲斐乙女对炭疽病、黑痘病等病害的抗性较强，对霜霉病、白腐病等抗性较弱。

(4) 物候期　甲斐乙女在郑州地区 4 月初萌芽，5 月中旬开花，8 月下旬着色，9 月上旬成熟，11 月中旬落叶。

(5) 评价　优点：甲斐乙女果肉硬脆，可溶性固形物含量高，口感脆甜。缺点：果粒着色较浅，果粒有果锈现象。

(6) 栽培技术要点　甲斐乙女成花能力强，在栽培上要注意控制产量，每亩产量控制在 1500 千克左右。每亩留枝量为 3000 条左右，每个果穗重量在 500 克左右，每个果穗留果粒 50 ~ 55 粒。

14. 秋黑

秋黑（彩图 13）又名美国黑提，由美国加州大学 J. H. Weinberger 和 F. N. rlarnon 杂交选育，亲本为美人指和黑玫瑰，沈阳农业大学园艺系于 1987 年从美国引入。

(1) 生长特点　秋黑生长势旺，结果母枝粗度平均为 1. 12 厘米，萌芽率为 90. 6%，结果枝率为 66. 5%，结果系数为 1. 58。

(2) 果穗经济性状　果穗为长圆锥形，平均果穗重 500 克左右。坐果率高，果粒着生紧密，果穗较紧凑。果粒为阔卵圆形，平均粒重 10 克左右。在郑州地区果粒着色正常，整个果粒着蓝黑色。果肉硬脆，果皮薄，汁液中多，可溶性固形物含量为 16% 以上，味道甜，稍具有玫瑰香香味，口感脆甜、爽口。

(3) 抗病性　秋黑对炭疽病、黑痘病等病害的抗性较强，对霜霉病、白腐病等抗性较弱。

(4) 物候期　秋黑在郑州地区 4 月初萌芽，5 月中旬开花，8 月下旬着色，9 月上旬成熟，11 月中旬落叶。

(5) 评价　优点：秋黑果粒大，着色好，外观美，果肉硬脆、爽口。缺点：产量过高时果粒着色较浅，品质下降。

(6) 栽培技术要点　秋黑成花能力中等，要注意控制产量促进成花。在栽培上要注意控制产量，每亩产量控制在 1500 千克左右。每亩留枝量为 3000 条左右，每个果穗重量在 500 克左右，每个果穗留果粒 50 ~ 55 粒。

15. 红高

红高由居住在巴西的日本人高仓发现，为意大利红色芽变种，南京

农业大学园艺学院于1998年引入。

（1）生长特点 红高生长势中庸偏旺，结果母枝粗度平均为1.06厘米，萌芽率为78.7%，结果枝率为54.3%，结果系数为1.34。

（2）果穗经济性状 果穗为圆锥形，有副穗，平均果穗重500克左右。坐果率高，果粒着生紧密，果穗较紧凑。果粒为椭圆形，平均粒重10克左右。在郑州地区果粒着色正常，整个果粒着紫红色。果肉硬脆，果皮薄，汁液中多，可溶性固形物含量为16%以上，味道甜，具有玫瑰香香味，口感较甜、爽口。

（3）抗病性 红高对炭疽病、黑痘病等病害的抗性较强，对霜霉病、白腐病等抗性较弱。

（4）物候期 红高在郑州地区4月初萌芽，5月中旬开花，8月下旬着色，8月底成熟，11月中旬落叶。

（5）评价 优点：红高坐果率高、着色好。缺点：果粒可溶性固形物含量虽高，但是口感较淡。

（6）栽培技术要点 红高成花能力中等，要注意控制产量促进成花。在栽培上要注意控制产量，每亩产量控制在1500千克左右。每亩留枝量为3000条左右，每个果穗重量在500克左右，每个果穗留果粒50~55粒。

16. 爱神玫瑰

爱神玫瑰（彩图14）又名丘比特玫瑰，由北京市农林科学院林业果树研究所育成，亲本为玫瑰香和京早晶。1973年杂交，1982年选为优系，1994年通过鉴定。

（1）生长特点 爱神玫瑰生长势中庸偏旺，结果母枝粗度平均为0.97厘米，萌芽率为86.1%，结果枝率为67.5%，结果系数为1.92。

（2）果穗经济性状 果穗为圆锥形，有副穗，平均果穗重400克左右。坐果率高，果粒着生紧密，果穗较紧凑。果粒为扁圆形，平均粒重5克左右。在郑州地区果粒着色正常，整个果粒着紫黑色。果肉脆，果皮薄，汁液中多，可溶性固形物含量为16%以上，味道甜，具有玫瑰香香味，口感脆甜、爽口。

（3）抗病性 爱神玫瑰对炭疽病、黑痘病等病害的抗性较强，对霜霉病、白腐病等抗性较弱。

（4）物候期 爱神玫瑰在郑州地区4月初萌芽，5月中旬开花，7月下旬着色，7月底成熟，11月中旬落叶。

（5）评价 优点：爱神玫瑰成熟期早，味道甜，具有玫瑰香香味。缺点：果粒较小，产量过高时果粒着色较浅，品质下降。

（6）栽培技术要点 爱神玫瑰成花能力中等，要注意控制产量促进成花。在栽培上要注意控制产量，每亩产量控制在1000千克左右。每亩留枝量为3000条左右，每个果穗重量在350克左右，每个果穗留果粒65～70粒。

17. 早熟红无核

早熟红无核又名火焰无核等，由美国Fresno园艺站育成，多亲本杂交选育。中国农业科学院郑州果树研究所于1983年从美国引入。

（1）生长特点 早熟红无核生长势旺，结果母枝粗度平均为1.22厘米，萌芽率为93.2%，结果枝率为85.4%，结果系数为1.76。

（2）果穗经济性状 果穗为圆锥形，平均果穗重500克左右。坐果率高，果粒着生紧密，果穗较紧凑。果粒为圆形，平均粒重5克左右。在郑州地区果粒着色正常，整个果粒着紫红色。果肉硬脆，果皮薄，汁液中多，可溶性固形物含量为16%以上，味道甜，口感脆甜、爽口。栽培技术不到位会出现裂果现象。对植物生长调节剂不敏感。

（3）抗病性 早熟红无核对炭疽病、黑痘病等病害的抗性较强，对霜霉病、白腐病等抗性较弱。

（4）物候期 早熟红无核在郑州地区4月初萌芽，5月中旬开花，7月下旬着色，7月底成熟，11月中旬落叶。

（5）评价 优点：早熟红无核成熟期早，味道甜，着色好。缺点：果粒小，有裂果现象，产量过高时果粒着色较浅，品质下降。

（6）栽培技术要点 早熟红无核成花能力强，在栽培上要注意控制产量，每亩产量控制在1000千克左右。每亩留枝量为3000条左右，每个果穗重量在350克左右，每个果穗留果粒65～70粒。果穗成熟后及时采收，以免加剧裂果现象。

18. 无核白鸡心

无核白鸡心又名森田尼无核、青提，由美国加州大学H.P奥尔姆（H. P. Olmo）杂交选育，亲本为Gold和Q25-6，沈阳农业大学园艺系于1983年从美国引入。

（1）生长特点 无核白鸡心生长势中庸偏旺，结果母枝粗度平均为1.05厘米，萌芽率为74.2%，结果枝率为78.3%，结果系数为1.88。

（2）果穗经济性状 果穗为圆锥形，平均果穗重400克左右。坐果率高，果粒着生紧密，果穗较紧凑。果粒为鸡心形，对植物生长调节剂敏感，经过植物生长调节剂处理的果粒平均粒重8克左右。在郑州地区果粒着色正常，整个果粒着黄绿色。果肉硬脆，果皮薄，汁液中多，可溶性固形物含量为17%以上，味道甜，没有香味。

（3）抗病性 无核白鸡心对炭疽病、黑痘病等病害的抗性较强，对霜霉病、白腐病等抗性较弱。

（4）物候期 无核白鸡心在郑州地区4月初萌芽，5月中旬开花，7月下旬着色，8月初成熟，11月中旬落叶。

（5）评价 优点：无核白鸡心成熟期早，味道甜、果肉硬脆、爽口。缺点：产量过高时果粒着色较浅，品质下降。

（6）栽培技术要点 无核白鸡心成花能力中等，要注意控制产量促进成花。在栽培上要注意控制产量，每亩产量控制在1500千克左右。每亩留枝量为3000条左右，每个果穗重量在500克左右，每个果穗留果粒55~60粒。

19. 红宝石无核

红宝石无核（彩图15）又名无核红宝石、鲁比无核、鲁贝无核等，由美国加州大学H. P奥尔姆杂交选育，亲本为皇帝和Pirovano75，沈阳农业大学园艺系于1983年从美国引入。

（1）生长特点 红宝石无核生长势中庸，结果母枝粗度平均为1.25厘米，萌芽率为73.3%，结果枝率为78.5%，结果系数为1.88。

（2）果穗经济性状 果穗为圆锥形，平均果穗重600克左右。坐果率高，果粒着生紧密，果穗较紧凑。果粒为卵圆形，平均粒重5克左右。在郑州地区果粒着色正常，整个果粒着紫红色。果肉硬脆，果皮薄，汁液中多，可溶性固形物含量为19%以上，味道甜，不具有香味，口感脆甜、爽口。栽培技术不到位会出现裂果现象。

（3）抗病性 红宝石无核对炭疽病、黑痘病等病害的抗性较强，对霜霉病、白腐病等抗性较弱。

（4）物候期 红宝石无核在郑州地区4月初萌芽，5月中旬开花，8月中旬着色，9月底成熟，11月中旬落叶。

（5）评价 优点：红宝石无核味道甜，果肉硬脆、爽口。缺点：果粒较小并且对植物生长调节剂不敏感，产量过高时果粒着色较浅，品质下降。植株生长旺，容易发生冻害。

（6）栽培技术要点 红宝石无核成花能力强，要注意控制产量，避免负载过重发生冻害。在栽培上要注意控制产量，每亩产量控制在1000千克左右。每亩留枝量为3000条左右，每个果穗重量在350克左右，每个果穗留果粒65~70粒。

【提示】

前面介绍的19个品种，在栽培时要做好新梢的管理，保持架面的通风透光，以免架面郁闭引发病害。特别是雨季，一定要注意防治好霜霉病，避免病害大发生引起早期落叶。果穗成熟后及时采收，以免加剧裂果现象。

20. 黑巴拉多

黑巴拉多（彩图16）原产地日本，由日本甲府市米山农园的米山孝之杂交育成，亲本为米山3号和红巴拉多，2009年进行品种登记，张家港市神园葡萄科技有限公司于2010年从日本引进。果皮黑色，单粒重8克左右，最大可达10克，成熟期为7月下旬至8月上旬，有香味。笔者种植该品种4年，发现该品种生长势很弱，树冠成形很慢，果粒着色难，容易感染霜霉病，建议不作为主栽品种，可以作为采摘园搭配品种发展。

21. 红巴拉多

红巴拉多（彩图17）原产地日本，由日本甲府市米山农园的米山孝之1997年杂交培育，2005年2月进行品种登记，张家港市神园葡萄科技有限公司于2009年从日本引进。果穗大，平均穗重800克，果粒大小均匀，果粒椭圆形，果粒重8克左右。果皮鲜红色，皮薄肉脆，可以带皮食用，可溶性固形物含量高达20%以上，无香味。经过生产中的栽培试验，该品种着色难、果粒小，不宜作为主栽品种发展。

22. 早霞玫瑰

早霞玫瑰（彩图18）由辽宁省大连市农业科学研究院育成，亲本为白玫瑰香和秋黑，2012年6月通过辽宁省种子管理局组织的品质备案。

（1）生长特点 早霞玫瑰生长势中庸，萌芽率为78.7%，结果枝率为93.3%，结果系数为1.62。

（2）果穗经济性状 果穗为圆锥形，平均果穗重650克左右。坐果率高，果粒着生中等紧密，果穗较紧凑。果粒为圆形，平均粒重7克左右，最大8克。在大连地区果粒着色正常，着色初期果皮鲜红，逐渐变为紫红色，光照充足为紫黑色。果肉硬脆无肉囊，汁液中多，可溶性固形物含量为16%以上，味道甜，具有浓郁的玫瑰香味。成熟后不裂果、不脱粒，果穗耐贮运。

（3）抗病性 早霞玫瑰对炭疽病、霜霉病等病害的抗性较强，对黑痘病等抗性较弱。早霞玫瑰抗裂果能力较强，在砂壤土、壤土及偏黏质的土壤上种植均未出现裂果现象。

（4）物候期 早霞玫瑰在大连地区4月下旬萌芽，6月中旬开花，7月下旬着色，8月上旬成熟，11月中旬落叶。

（5）评价 优点：早霞抗病性强、容易成花，栽培技术较简单，抗裂果性好、具有浓郁的玫瑰香味。缺点：果粒较小。

（6）栽培技术要点 早霞玫瑰成花能力极强，在栽培上要注意控制产量，每亩产量控制在1000千克左右。每亩留枝量为3000条左右，每个果穗重量在400克左右，每个果穗留果粒55～60粒。

【提示】

栽培早霞玫瑰，要做好新梢的管理，保持架面的通风透光，以免架面郁闭引发病害。特别是雨季，一定要注意防治好黑痘病，避免病害大发生引起早期落叶。

23. 绿脆

绿脆由新疆石河子农科中心葡萄研究所选育，以白哈利为母本、依斯比沙里为父本进行杂交，2011年12月通过新疆维吾尔自治区农作物品种登记委员会认定。

（1）生长特点 绿脆生长势较旺，结果母枝粗度平均为1.05厘米，萌芽率为83.5%，结果枝率为50.0%，结果系数为1.78。

（2）果穗经济性状 果穗为圆锥形，平均果穗重300克左右。坐果率高，果粒着生紧密，果穗较紧凑。果粒为鸡心形，平均粒重4克左右，每个果粒含种子1～2粒，种子基本上为瘪籽。在新疆石河子地区果粒着色正常，整个果粒着黄绿色。果肉硬脆，果皮薄，汁液中多，果肉与种子不分离，可溶性固形物含量为17%以上，味道酸甜可口。

（3）抗病性 绿脆对炭疽病、黑痘病等病害的抗性较强，对霜霉病、白粉病等抗性较弱。

（4）物候期 绿脆在新疆石河子地区4月下旬萌芽，5月底开花，7月初旬着色，7月中旬成熟，11月中旬落叶。

（5）评价 优点：绿脆成熟期极早，味道较甜，果肉硬脆、爽口。缺点：果粒太小，果肉与种子不易分离。

（6）栽培技术要点 绿脆成花能力中等，要注意控制产量促进成花。在栽培上要注意控制产量，每亩产量控制在1000千克左右。每亩留枝量为3000条左右，每个果穗重量在300克左右，每个果穗留果粒80～100粒。

【提示】

栽培绿脆时，也要做好新梢的管理，保持架面的通风透光，以免架面郁闭引发病害。特别是雨季，一定要注意防治好霜霉病，避免病害大发生引起早期落叶。

二、欧美种巨峰系品种

1. 巨玫瑰

巨玫瑰（彩图19）的亲本为沈阳玫瑰和巨峰，由辽宁省大连市农科院选育，2000年定名。

（1）生长特点 巨玫瑰生长势中庸偏旺，结果母枝粗度平均为1.1厘米，萌芽率为90%，结果枝率为85%，结果系数为1.3。

（2）果穗经济性状 巨玫瑰果穗为带副穗的圆锥形，平均果穗重500克左右。坐果率中等偏低，果粒着生中等紧密，果穗较疏松。果粒为椭圆形，平均粒重10克左右。在郑州地区果粒着色正常，整个果粒着紫黑色。果肉偏软，汁液中多，可溶性固形物含量为18%以上，味道非常甜，具有浓郁的玫瑰香味，口感极佳。

（3）抗病性 巨玫瑰对白腐病、黑痘病、炭疽病等病害的抗性较强，对霜霉病、灰霉病抗性较弱。

（4）物候期 巨玫瑰在郑州地区4月初萌芽，5月中旬开花，7月下旬着色，8月初成熟，11月中旬落叶。

（5）评价 优点：巨玫瑰可溶性固形物含量高，味道甜，具有浓郁的玫瑰香味。缺点：果肉偏软，不耐贮运，产量过高时果粒着色较浅，品质下降。

（6）栽培技术要点 巨玫瑰容易成花并且结果系数高，容易造成产量高负载过重。在栽培上要注意控制产量，每亩产量控制在1250千克左右。每亩留枝量为3000条左右，每个果穗重量在450克左右，每个果穗留果粒45~50粒。

2. 甬优1号

甬优1号（彩图20）由浙江省宁波市王鹤鸣在藤稔葡萄中发现的芽变而来，2000年正式通过鉴定。

（1）生长特点 甬优1号生长势中庸偏旺，结果母枝粗度平均为1.2厘米，萌芽率为91%，结果枝率为86%，结果系数为1.5。

（2）果穗经济性状 甬优1号果穗为带副穗的圆锥形，平均果穗重500克左右。坐果率中等偏低，果粒着生中等紧密，果穗较疏松。果粒为椭圆形，平均粒重11克左右。在郑州地区果粒着色正常，整个果粒着紫黑色。果肉较脆，汁液中多，可溶性固形物含量为18%以上，味道非常甜，具有浓郁的草莓香味，口感极佳。如果栽培技术不到位，就容易出现大小粒现象。

（3）抗病性 甬优1号对白腐病、黑痘病、炭疽病等病害的抗性较强，对灰霉病抗性较弱。

（4）物候期 甬优1号在郑州地区4月初萌芽，5月中旬开花，7月下旬着色，8月初成熟，11月中旬落叶。

（5）评价 优点：甬优1号可溶性固形物含量高，味道甜，具有浓郁的草莓香味。缺点：果粒有大小粒现象，产量过高时果粒着色较浅，品质下降。

（6）栽培技术要点 甬优1号容易成花并且结果系数高，容易造成产量高负载过重。在栽培上要注意控制产量，每亩产量控制在1250千克左右。每亩留枝量为3000条左右，每个果穗重量在450克左右，每个果穗留果粒45~50粒。开花期前后要根据天气情况，及时防治好灰霉病。

3. 醉金香

醉金香（彩图21）又名无核4号、甜香香、香甜甜、香甜翠玉等，亲本为沈阳玫瑰和巨峰，由辽宁省农科院园艺研究所杂交选育。

（1）生长特点 醉金香生长势偏旺，结果母枝粗度平均为1.2厘米，萌芽率为95%，结果枝率为90%，结果系数为1.4。

（2）果穗经济性状 果穗为圆锥形，平均果穗重500克左右。坐果率偏低，果粒着生中松散，果穗较疏松。果粒为卵圆形，平均粒重10克左右。在郑州地区果粒着色正常，整个果粒着黄绿色。果肉较脆，汁液中多，可溶性固形物含量为18%以上，味道非常甜，具有浓郁的玫瑰香味，口感极佳。栽培技术不到位容易出现大小粒现象。

(3) 抗病性 醉金香对白腐病、黑痘病、炭疽病等病害的抗性较强，对霜霉病抗性较弱。

(4) 物候期 醉金香在郑州地区 4 月初萌芽，5 月中旬开花，7 月下旬着色，8 月初成熟，11 月中旬落叶。

(5) 评价 优点：醉金香可溶性固形物含量高，味道甜，具有浓郁的玫瑰香味。缺点：果粒有大小粒现象，产量过高时果粒着色较浅，品质下降。

(6) 栽培技术要点 醉金香容易成花并且结果系数高，容易造成产量高负载过重。在栽培上要注意控制产量，每亩产量控制在 1250 千克左右。每亩留枝量为 3000 条左右，每个果穗重量在 450 克左右，每个果穗留果粒 45 ~ 50 粒。开花期前后要根据天气情况，及时防治好灰霉病。

4. 峰后

峰后（彩图 22）由北京市农林科学院林业果树研究所从巨峰实生后代中选育。

(1) 生长特点 峰后生长势偏旺，结果母枝粗度平均为 1.2 厘米，萌芽率为 92%，结果枝率为 80%，结果系数为 1.1。

(2) 果穗经济性状 果穗为带副穗的圆锥形，平均果穗重 400 克左右。坐果率中等偏低，果粒着生中等至较紧密，果穗较疏松。果粒为倒卵圆形，平均粒重 12 克左右。在郑州地区果粒着色正常，整个果粒着紫红色。果肉硬脆，汁液中多，可溶性固形物含量为 18% 以上，味道非常甜，具有草莓香味，口感极佳。栽培技术不到位容易出现大小粒现象，有些年份会出现裂果现象。

(3) 抗病性 峰后对白腐病、黑痘病等病害的抗性较强，对霜霉病、炭疽病等抗性较弱。

(4) 物候期 峰后在郑州地区 4 月初萌芽，5 月中旬开花，8 月中旬着色，8 月下旬成熟，11 月中旬落叶。

(5) 评价 优点：峰后可溶性固形物含量高，味道甜，具有草莓香味。缺点：坐果率偏低，果粒有大小粒现象和裂果现象，产量过高时果粒着色较浅，品质下降。

(6) 栽培技术要点 峰后容易成花并且结果系数高，容易造成产量高负载过重。在栽培上要注意控制产量，每亩产量控制在 1200 千克左右。每亩留枝量为 3000 条左右，每个果穗重量在 400 克左右，每个果穗留果粒 30 ~ 35 粒。开花期前后要根据天气情况，及时防治好穗轴褐枯病。

5. 京亚

京亚（彩图23）由中国科学院植物研究所北京植物园从黑奥林实生苗中选育，为纪念第十一届亚运会在北京召开而命名为京亚。

（1）生长特点　京亚生长势中庸，结果母枝粗度平均为1.2厘米，萌芽率为93%，结果枝率为92%，结果系数为1.55。

（2）果穗经济性状　果穗为带副穗的圆锥形，平均果穗重400克左右。坐果率中等偏低，果粒着生中等至较紧密，果穗较疏松。果粒为椭圆形，平均粒重10克左右。在郑州地区果粒着色正常，整个果粒着蓝黑色。果肉较软，汁液中多，可溶性固形物含量为15%左右，味道酸甜，略具有草莓香味，口感较好。栽培技术不到位容易出现大小粒现象，有些年份会出现裂果现象。

（3）抗病性　京亚对白腐病、黑痘病等病害的抗性较强，对霜霉病、灰霉病等抗性较弱。

（4）物候期　京亚在郑州地区4月初萌芽，5月中旬开花，6月下旬着色，7月中旬成熟，11月中旬落叶。

（5）评价　优点：京亚成熟期早，味道甜，略具有草莓香味。缺点：坐果率偏低，果粒有大小粒现象和裂果现象，产量过高时果粒着色较浅，酸味加重，品质下降。

（6）栽培技术要点　京亚容易成花并且结果系数高，容易造成产量高负载过重。在栽培上要注意控制产量，每亩产量控制在1500千克左右。每亩留枝量为3000条左右，每个果穗重量在500克左右，每个果穗留果粒45~50粒。开花期前后要根据天气情况，及时防治好灰霉病。

6. 户太8号

户太8号（彩图24）是陕西省西安市葡萄研究所从奥林匹亚的芽变种中选育，1996年通过品种审定。

（1）生长特点　户太8号生长势旺，结果母枝粗度平均为1.1厘米，萌芽率为85%，结果枝率为80%，结果系数为1.2。

（2）果穗经济性状　果穗为带副穗的圆锥形，平均果穗重600克左右。坐果率中等，果粒着生中等紧密，果穗较紧凑。果粒为短椭圆形，粒重8~9克。在郑州地区果粒着色正常，整个果粒着紫红色至黑色。果肉较脆，汁液中多，可溶性固形物含量为18%以上，味道甜，口感极佳。

（3）抗病性　户太8号对炭疽病、黑痘病等病害的抗性较强，对霜霉病、白腐病等抗性较弱。

（4）物候期 户太8号在郑州地区4月初萌芽，5月中旬开花，7月中旬着色，8月中旬成熟，11月中旬落叶。

（5）评价 优点：户太8号花芽分化好，丰产、稳产性好，副梢结实力强。缺点：树势旺，自然坐果率低并且有大小粒现象。

（6）栽培技术要点 户太8号非常容易成花，容易造成产量超高。在栽培上要注意控制产量，每亩产量控制在1000千克左右。每亩留枝量为2200条左右，每个果穗重量在500克左右，每个果穗留果粒45~50粒。

7. 夏黑

夏黑（彩图25）由日本山梨县果树试验场杂交选育，1992年进行品种登记，亲本为巨峰和无核白。南京农业大学园艺学院于1998年从日本引入。

（1）生长特点 夏黑生长势旺，结果母枝粗度平均为1.3厘米，萌芽率为95%，结果枝率为90%，结果系数为1.2。

（2）果穗经济性状 果穗为双歧肩的圆锥形，平均果穗重500克左右。经过植物生长调节剂处理坐果率高，果粒着生紧密，果穗较紧凑。果粒为近圆形，经过植物生长调节剂处理的果粒平均粒重6克左右。在郑州地区果粒着色正常，整个果粒着黑色。果肉脆，汁液中多，可溶性固形物含量为20%以上，味道极甜，口感极佳。

（3）抗病性 夏黑对炭疽病、黑痘病等病害的抗性较强，对霜霉病、白腐病等抗性较弱。

（4）物候期 夏黑在郑州地区4月初萌芽，5月中旬开花，7月中旬着色，7月底成熟，11月中旬落叶。

（5）评价 优点：夏黑可溶性固形物含量极高，味道极甜果肉脆、爽口。缺点：果粒小，需要经过植物生长调节剂处理。

（6）栽培技术要点 夏黑成花能力强，容易造成产量过高。在栽培上要注意控制产量，每亩产量控制在1000千克左右。每亩留枝量为3000条左右，每个果穗重量在350克左右，每个果穗留果粒50~55粒。在落花后及时用植物生长调节剂处理果穗，促进果粒膨大。

8. 无核早红

无核早红由河北省农林科学院昌黎果树研究所与昌黎县合作杂交选育，亲本为巨峰和郑州早红，1998年通过品种审定，正式开始推广。

（1）生长特点 无核早红生长势旺，结果母枝粗度平均为1.1厘米，萌芽率为95%，结果枝率为93%，结果系数为2.2。

（2）果穗经济性状 果穗为圆锥形，平均果穗重500克左右。经过植物生长调节剂处理的坐果率高，果粒着生紧密，果穗较紧。果粒为近圆形，经过植物生长调节剂处理的果粒平均粒重9克左右。在郑州地区果粒着色正常，整个果粒着鲜红色。果肉较脆，汁液中多，可溶性固形物含量为15%左右，味道甜酸，口感较好。

（3）抗病性 无核早红对炭疽病、黑痘病等病害的抗性较强，对霜霉病、白腐病等抗性较弱。

（4）物候期 无核早红在郑州地区4月初萌芽，5月中旬开花，7月中旬着色，8月初成熟，11月中旬落叶。

（5）评价 优点：无核早红成花能力极强，很容易丰产，栽培技术比夏黑相对简单，果肉脆。缺点：果粒小，需要经过植物生长调节剂处理，口味一般。

（6）栽培技术要点 无核早红成花能力强，容易造成产量过高。在栽培上要注意控制产量，每亩产量控制在1500千克左右。每亩留枝量为3000条左右，每个果穗重量在500克左右，每个果穗留果粒55~60粒。在落花后及时用植物生长调节剂处理果穗，促进果粒膨大。

【提示】

以上介绍的8个巨峰系品种，栽培时要做好新梢的管理，保持架面的通风透光，以免架面郁闭引发病害。特别是雨季，一定要注意防治好霜霉病，避免病害大发生引起早期落叶。

9. 黑色甜菜

黑色甜菜原产地为日本，由日本河野隆夫氏育成，亲本为藤稔和先锋。张家港市神园葡萄科技有限公司于2009年从日本引进。果粒为短椭圆形，单粒重14~18克，最高达20克以上。着色好，果粉多，果皮厚，易去皮，去皮后果肉、果芯留下红色素多，肉质硬爽，汁液多，可溶性固形物含量16%~17%。笔者种植该品种4年，发现该品种自然坐果率低，适合无核化栽培，口感较淡，没有香味，不抗霜霉病，不能作为主栽品种大量发展。

10. 辽峰

辽峰原产于我国，是辽宁省灯塔市柳条寨镇赵铁英发现的巨峰芽变种。历经8年的扩繁和观察鉴定，发现该品种综合性状稳定。2007年9月通过辽宁省种子管理局专家组审定，并命名为辽峰。

（1）生长特点 树势强健，萌芽率为75.7%，结果枝率为68.6%，每个结果枝平均花序数为1.7个，开花坐果性状与巨峰基本相同。

（2）果穗经济性状 果穗为圆锥形，长20厘米、宽15厘米，有副穗，平均穗重600克，最大为1350克。果粒大，呈圆形或椭圆形，2年生幼树单粒重12克，成龄树14克，最大18克，果粒纵径3.2厘米，横径2.95厘米。果皮紫黑色，果粉厚，易着色，果肉与果皮容易分离。果肉较硬，味甜适口，可溶性固形物含量18%，每个果粒含种子2~3粒。

（3）抗病性 与巨峰相同。

（4）物候期 在辽宁省灯塔市，该品种于5月1日左右萌芽，6月上旬开始开花，8月上旬开始着色，9月上中旬果实充分成熟。

（5）评价 该品种经过近几年的引进发展，在不同的产区表现不错，有望成为一个新的主栽品种。

（6）栽培技术要点 该品种树势强健，叶片肥大，适合棚架栽培，以短梢修剪为主。开花前少施氮肥，防止新梢徒长。开花前3~5天新梢摘心，花前2~3天除去副穗、掐穗尖，防止落花落果，合理进行疏粒，每个果穗保留40~50粒。

11. 巨峰

巨峰（彩图26）为日本品种，由日本大井上康杂交选育，亲本为石原早生和森田尼。1937年杂交，1945年正式命名发表，1956年秋日本冈山大学访华代表团赠送我国4根插条，由北京农业大学（现中国农业大学）园艺系繁殖，于20世纪60年代开始向全国传播。

（1）生长特点 树势强健，萌芽率为75.7%，结果枝率为68.6%，每个结果枝平均花序数为1.7个。

（2）果穗经济性状 果穗为圆锥形，有副穗，平均穗重500克左右，最大1500克。果粒大，呈圆形或椭圆形，粒重8~10克，最大12克，果粒纵径2.6厘米，横径2.4厘米。容易着色，果皮紫红色至紫黑色，果粉厚，果皮厚稍有涩味，果肉与果皮容易分离。果肉较硬，味甜适口，可溶性固形物含量为18%，有草莓香味，每个果粒含种子2~3粒。

（3）抗病性 容易感染黑痘病、灰霉病、穗轴褐枯病、炭疽病，重度感染霜霉病。

（4）物候期 在河南省郑州市，该品种于4月初萌芽，5月上、中旬开始开花，7 月下旬开始着色，8 月下旬果实充分成熟。

（5）评价 优点：适应性广，全国各葡萄产区均可种植，尤其适应南方多雨地区。花芽分化好，果粒大、味甜，有草莓香味。缺点：自然坐果率低，落花落果重，抗病性较差。

（6）栽培技术要点 该品种树势强健，叶片肥大，适合棚架栽培，修剪以短梢修剪为主。开花前少施氮肥，防止新梢徒长。开花前 3 ~ 5 天新梢摘心，花前 2 ~ 3 天除去副穗、掐穗尖，防止落花落果，合理进行疏粒，每个果穗保留 40 ~ 50 粒。

三、欧美种非巨峰系品种

1. 摩尔多瓦

摩尔多瓦（彩图 27）由摩尔多瓦育成，亲本为古扎丽卡拉和 SV12375，河北省农林科学院昌黎果树研究所于 1997 年从罗马尼亚引入。

（1）生长特点 摩尔多瓦生长势旺，结果母枝粗度平均为 1.3 厘米，萌芽率为 85%，结果枝率为 98%，结果系数为 2.1。

（2）果穗经济性状 果穗为圆锥形，平均果穗重 500 克左右。坐果率高，果粒着生紧密，果穗较紧凑。果粒为椭圆形，平均粒重 9 克。在郑州地区果粒着色正常，整个果粒着蓝黑色。果肉较脆，汁液中多，可溶性固形物含量为 16% 以上，味道甜，口感一般，没有香味。果穗耐贮运。

（3）抗病性 摩尔多瓦对炭疽病、霜霉病等病害的抗性较强，对黑痘病等抗性较弱。

（4）物候期 摩尔多瓦在郑州地区 4 月初萌芽，5 月中旬开花，8 月上旬着色，8 月底成熟，11 月中旬落叶。

（5）评价 优点：摩尔多瓦抗病性强、容易成花，栽培技术较简单。缺点：口感较淡，没有香味。

（6）栽培技术要点 摩尔多瓦成花能力极强，在栽培上要注意控制产量，每亩产量控制在 1500 千克左右。每亩留枝量为 3000 条左右，每个果穗重量在 500 克左右，每个果穗留果粒 55 ~ 60 粒。

【提示】

该品种在栽培时要做好新梢的管理，保持架面的通风透光，以免架面郁闭引发病害。特别是雨季，一定要注意防治好黑痘病，避免病害大发生引起早期落叶。

2. 阳光玫瑰

阳光玫瑰（彩图28）为日本品种，由日本植原葡萄研究所于1988年杂交培育，亲本为Steuben × Muscat of Alexandria和白南，2006年进行品种登记，2009年张家港市神园葡萄科技有限公司从日本引进。

（1）生长特点 阳光玫瑰生长势旺，结果母枝粗度平均为1.3厘米，萌芽率为85%，结果枝率为98%，结果系数为2.1。

（2）果穗经济性状 果穗为圆锥形，平均果穗重800克左右。自然坐果率低，果粒着生疏松，果穗松散。果粒为椭圆形，平均粒重12克左右。在郑州地区果粒着色正常，整个果粒着黄绿色。果肉硬脆，汁液中多，可溶性固形物含量为19%以上，味道甜，口感极佳，有淡玫瑰香味。果穗耐贮运。该品种非常适合无核化栽培。

（3）抗病性 阳光玫瑰对炭疽病、黑痘病等病害的抗性较强，对霜霉病等抗性较弱。

（4）物候期 阳光玫瑰在郑州地区4月初萌芽，5月中旬开花，8月上旬着色，9月初成熟，11月中旬落叶。

（5）评价 优点：阳光玫瑰抗病性强、容易成花，栽培技术较简单。缺点：自然坐果率低，需要无核栽培，无核后没有香味。

（6）栽培技术要点 阳光玫瑰成花能力极强，在栽培上要注意控制产量，每亩产量控制在1500千克左右。每亩留枝量为3000条左右，每个果穗重量在500克左右，每个果穗留果粒55～60粒。

【提示】

阳光玫瑰和金手指在栽培时，也要做好新梢的管理，保持架面的通风透光，以免架面郁闭引发病害。特别是雨季，一定要注意防治好霜霉病，避免病害大发生引起早期落叶。

3. 金手指

金手指（彩图29）由日本的原田富一氏于1982年用美人指和Seneca杂交育成，因果实的色泽和形状而命名为金手指，1993年经日本农林省注册登记，1997年引入我国。

（1）生长特点 金手指生长势旺，结果母枝粗度平均为1.3厘米，萌芽率为85%，结果枝率为80%，结果系数为1.2。

（2）果穗经济性状 果穗为圆锥形，平均果穗重400克左右。坐果率中等，果粒着生中等紧密，果穗较紧凑。果粒为近似手指形，中间粗，两头较细，平均粒重6克左右。在郑州地区果粒着色正常，整个果粒着金黄色。果肉脆，汁液中多，可溶性固形物含量为22%以上，味道极甜，口感极佳。

(3) 抗病性 金手指对炭疽病、黑痘病等病害的抗性较强，对霜霉病、白腐病等抗性较弱。

(4) 物候期 金手指在郑州地区4月初萌芽，5月中旬开花，8月中旬着色，8月底成熟，11月中旬落叶。

(5) 评价 优点：金手指可溶性固形物含量极高，味道极甜，果肉脆、爽口。缺点：不耐贮运，果粒偏小。

(6) 栽培技术要点 金手指成花能力中等，容易造成年份间产量不均匀现象。在栽培上要注意控制产量和促进成花，每亩产量控制在1000千克左右。每亩留枝量为3000条左右，每个果穗重量在350克左右，每个果穗留果粒45~50粒。

【注意】

在选择葡萄品种的时候，一定要做好生态区域化工作，了解种植区域的生态环境条件，选择适合本区域的品种进行栽培，切忌盲目追求最新、最大、成熟最早等具有虚夸介绍的品种。每个葡萄品种都有其优缺点，对所种植的品种要了解其生长发育特性，利用其优点，克服其缺点，才能种植成功。

第三章
葡萄园的选址与规划

第一节　园址选择与规划中存在的问题

一、不重视园址的选择

1. 葡萄园位置偏僻、交通不便利

葡萄果实含水量大，不耐贮运。有些葡萄园选址偏僻（特别是山区），没有大路，交通不便利，葡萄成熟后不能及时运出去，致使葡萄烂在地里面，造成很大的损失。有些观光采摘园远离市郊区，通行不便，游客很少，葡萄成熟季节采摘人员很少或者只有周末、节假日才有人，平时没有人员采摘，导致葡萄长期挂在树上，既浪费养分又因长期挂树感染病害而烂果，对树体和葡萄种植者都造成伤害。

2. 没有考虑排灌条件

葡萄果实含水量高，叶片大，蒸腾量大，在生长季节需要充足的水分。有些葡萄园（山区或西北干旱地区）周围没有水源或者距离水源很远，在葡萄需水的关键时期供应不上水分，造成日烧、叶片发黄等生理障碍；在葡萄果实膨大期水分供应不上，果粒膨大受阻，果粒较小，严重时果实失水萎蔫。

葡萄耐涝力较强，但有些葡萄园建在低洼易涝地区，南方有些在水稻田里建的葡萄园没有排水系统，一进入雨季葡萄园就会大量积水，致使葡萄根系呼吸受阻，产生有毒物质，对葡萄树造成危害，轻者树势变弱，重者造成死树。

3. 葡萄园建在低洼阴处

葡萄喜光性强，不耐阴凉，山区有些葡萄园建在低洼地带或背阳的阴处，光照条件不好，在葡萄生长季节因为光照不足，致使叶片发黄，光合作用降低，果实成熟期推迟或者着色不好。在雨后缺少阳光照射，水分蒸发得少，葡萄园湿度大，容易发生病害。

【注意】

葡萄园建在低洼低谷地方，有霜冻的时候冷空气容易聚集，葡萄树受冻情况比平原开阔地区严重。尤其是低洼阴处，太阳照射的时间短，温度低，冻害发生频繁且严重。

4. 立地条件不好、土层薄

葡萄根系发达，分布范围广，有些山区葡萄园在种植前没有进行土壤改良，土层薄，根系扎不下去，葡萄地上部生长势弱，树冠形成迟，结果晚。特别是生长势弱的品种，种植后2~3年内一直不生长，形成“小老树”现象。

二、缺乏科学合理的长远规划

1. 种植株行距过小、密度大

种植株行距过小尤其是行距太小（图3-1），不能进行机械化作业，完全靠人工作业，效率极低且增加种植成本。株距过小，密度大，葡萄园通风透光条件不好，葡萄园内湿度大，容易感染多种病害。遇到连续阴雨的天气，即使每天都打药也不能防治病害，尤其是霜霉病，一旦大流行就会引起叶片早期大量脱落，晚熟品种果实成熟期推迟并且品质变差，新梢的木质化程度降低，冬季容易受冻。

图3-1 行距太小

2. 葡萄园田间工作道路狭窄

有些大型葡萄园为了充分利用土地，葡萄树种植到田边地脚，只留很狭窄的田间作业道路，不能进行大型机械化作业，只能应用小型机械作业，效率低。特别是家庭型的种植模式，有的根本就不留生产道路，不进行机械化作业，完全凭人工操作，效率极低。

3. 种植行太长

有些大型葡萄园，没有对地块进行小区划分，按照地块长度种植，有多长种多长。每行的两端通风透光条件好，中间因为每行太长，通风条件不好，出现成熟期推迟、着色不好等现象。遇到雨水多的年份，中间因为通风不良湿度大，病害发生比两端严重。

【提示】

生产中的很多问题，都是在建园时造成的。种植株行距小，没有留田间作业道路（或道路狭窄），不能机械化作业，全凭人工作业，反而增加成本。葡萄园立地环境不良，通风透光条件不好，葡萄园内湿度大，引发各种病害；光照条件差，着色难，糖分上升慢，成熟期推迟。干旱时不能浇水，雨季时不能排水，引发各种生理障碍。

第二节　科学选址与规划

一、科学选择园址

葡萄避雨栽培是葡萄生产无公害果品的一项关键技术，但是葡萄园的环境条件同样也影响到葡萄果品的质量。所以建园选址时，要先进行环境质量检测，符合生产无公害葡萄果品、绿色葡萄果品生产标准才能建园，不符合标准就不能建园。建园时应参照 NY/T 857—2004《葡萄产地环境技术条件》中的葡萄产地环境空气质量要求、产地灌溉水质量要求、产地土壤环境质量要求。

1. 产地环境空气质量要求

产地环境空气质量要求，见表3-1。

表3-1　产地环境空气质量要求

项　目	限　值	
	日平均	1小时平均
总悬浮物颗粒（≤）	0.30毫克/米^3	—
二氧化硫（≤）	0.15毫克/米^3	0.50毫克/米^3
二氧化氮（≤）	0.12毫克/米^3	0.24毫克/米^3
氟化物（≤）	7微克/米^3	20微克/米^3

注：1. 日平均是指任何1天的平均浓度。

2. 1小时平均是指任何1小时的平均浓度。

2. 产地灌溉水质量要求

产地灌溉水质量要求，见表3-2。

表3-2 产地灌溉水质量要求

项　目	限　值
pH	5.5～8.0
化学需氧量/(毫克/升)	≤300
总砷/(毫克/升)	≤0.1
总铅/(毫克/升)	≤0.1
铬（六价）/(毫克/升)	≤0.1
氯化物/(毫克/升)	≤250
氟化物/(毫克/升)	≤2.0
氰化物/(毫克/升)	≤0.5
石油类/(毫克/升)	≤10
粪大肠菌群/(个/升)	≤10000
蛔虫卵/(个/升)	≤2

3. 产地土壤环境质量要求

产地土壤环境质量要求，见表3-3。

表3-3 产地土壤环境质量要求

项　目	含量限值（≤）		
	pH＜6.5	pH 6.5～7.5	pH＞7.5
总镉/(毫克/千克)	0.30	0.60	1.0
总汞/(毫克/千克)	0.30	0.50	1.0
总砷/(毫克/千克)	40	30	25
总铅/(毫克/千克)	250	300	350
总铬/(毫克/千克)	150	200	250
总铜/(毫克/千克)	150	200	200

4. 地形开阔，阳光充足

葡萄是喜光果树，阳光充足有利于树体健壮生长，阳光不足时树体容易徒长，特别是在避雨栽培的条件下，阳光不足更容易徒长，尤其是生长势比较旺的品种。所以避雨栽培葡萄园一定要建造在地形开阔、阳光充足的地方，而背阳遮阴的地方不能建园。

5. 地势高燥，排灌方便

葡萄是喜旱忌湿的果树，应选择地势高燥的地方建园。葡萄生长期虽较耐旱，但还需要供水，应选择有水源、有灌溉条件的地块种植葡萄。低洼田、排水不畅的地块、易受涝的地块、无水源不能供水的地块，不能种植葡萄。

6. 土层深厚，土质疏松

葡萄是须根系，为有利于葡萄发根，要选择土层深厚、土质疏松的园地。土壤 pH 以6.5～7.5为宜。土壤黏重，土壤过于贫瘠，以及过酸、过碱的土壤，需要经过土壤改良，基本达到葡萄生长要求才可建园。

二、高效益葡萄园的长远规划

1. 电、水源的选择与确定

在选择葡萄园地时，首先考虑电、水源的问题。打农药、浇水都离不开电源，所以电源建设是重中之重。水源，无论提引河水还是打深井提水，其水质都要符合上述标准（表3-2）。规划水源地应尽量设在地势偏高作业区的中心，以便于拉电提水，节省费用。

2. 田间区划

对作业区面积的大小、道路、排灌水渠系网和防风林都要统筹安排。根据地区经营规模，地形、坡向和坡度，在地形图上都要进行细致规划。作业区面积大小要因地制宜，平地20～30公顷为1个小区，4～6个小区为1个大区，小区以长方形为宜，长边与葡萄行向一致，便于田间作业；山地以10～20公顷为1个小区，以坡面等高线为界，确定大区的面积。小区的长边与等高线平行，有利于灌排水和机械作业。

3. 道路系统

根据果园总面积的大小和地形、地势确定道路等级。在1000公顷以上的大型葡萄园，由主道、支道和田间作业道三级组成。主道设在葡萄园的中心，与园外公路相连接，要求能对开两排载重汽车或农用拖拉机，再加上路边的防风林，一般道宽为8～10米。山地的主道可环山呈“之”字形，上升的坡度以小于7度为宜。支道设在小区的边界，一般与主道垂直连接，宽度为4～5米，可通单排汽车或拖拉机。田间作业道是临时性道路，多设在葡萄定植行间的空地，宽度为3～4米，便于小型拖拉机作业和运输物资行走。

4. 排灌水渠系统及节水灌溉

（1）排灌系统 一般由干渠、支渠和田间毛渠三级组成。各级水渠多与道路系统相结合，一般道路一侧的路沟为灌水渠，另一侧为排水渠，交叉的地方可用渡槽和水管连接。主灌水渠与水源连接，主排水渠要与园外总排水渠连接，各自有高程差，做到灌排水通畅。有条件的地区，也可设滴灌和暗排，以节省水电，效果更佳。

（2）滴灌 滴灌是用水泵从水源提水，将灌溉水过滤处理后，通过干管、支管、毛管，最终到达毛管上的滴头，在低压下向土壤缓慢滴水，直接向土壤供应水和肥料或其他化学试剂等的一种灌溉系统。滴灌润湿的土壤面积较小，直接蒸发损耗的水量少，杂草生长也少；滴灌不打湿叶面，空气湿度小，病虫害较轻；滴灌可比普通灌溉节水省30%~70%的水。因此，滴灌适宜于干旱地区特别是沙地、黄土塬地等水资源缺乏的地区。

【提示】

在效益高、投入有保障的观光葡萄园、设施葡萄园及严重缺水的地区，可以采用滴灌方式，进行肥水精确灌溉。

（3）喷灌 喷灌是利用水泵和管道系统在一定压力下把水经过喷头喷洒到空中。此项技术的优点是节水，灌溉效率高，水的有效利用率一般为80%以上，对地形无要求，喷灌均匀度可达到80%~85%，不容易产生深层渗漏和地表径流，在透水性强、保水能力差的土地如砂壤土上，省水可达70%以上，但受风的影响较大，3~4级风力时应停止喷灌。

【提示】

喷灌有利于改善果园小气候，适宜于干旱地区，特别是高温与大气干旱叠加区，或容易发生季节性高温热伤害的葡萄园。

5. 葡萄园的行向选择

葡萄的行向与地形、地势、光照和架式等有密切关系。一般地势较平的葡萄园，多采用篱架、双十字V形架、棚架等，行向为南北向。这样，日照时间长，光照强度大，特别是中午葡萄根部能受到阳光照射，有利于葡萄的生长发育，能提高葡萄的品种和产量。山地葡萄园的行向，

应与坡地的等高线方向一致，顺势设架，以利于紧铁丝和灌、排水等作业。葡萄枝蔓由坡下向上爬，光照好，可节省架材。

6. 设置防护林

防护林或防风林的主要作用：一是防风，减少季风、台风的危害；二是阻止冷空气，减少霜冻的危害；三是调节小气候，减少土壤水分蒸发，增加大气湿度；四是增加葡萄园的多样性，增加有益生物的同时减少有害生物的侵染。因此，在生产绿色环保葡萄时，要求至少有5%的园区面积是天然林或种植其他树木。一般按照作业区的大小设置防护林，主林带与主风向垂直，栽植4~6行高大的乔木，内侧可栽植2~3行灌木；副林带垂直于主林带，种植2~3行乔木。

三、建园前做好土壤改良工作

1. 清除植被和平整土地

在未开垦的土地上，常长有树木、杂草等植被，建园前应连根清除。如果在已栽过葡萄的土地上再栽葡萄，那么一定先将老葡萄根彻底挖除，再进行土壤消毒，可用50%辛硫磷乳油2000倍液或48%威百亩（保丰收）水剂或二氯丙烯作为消毒剂施入原树盘的根际，然后翻入深30厘米左右的土壤中即可。全园的土壤要进行平整，平高垫低，在山坡地要测出等高线，按等高线修筑梯田，以利于葡萄的定植和搭建葡萄架，更有利于灌、排水和水土保持工作。所以，在建园前应尽可能把土地整平，至少把葡萄定植行的台田或条田畦面整平，以便于机械作业。

2. 定植沟的土壤改良

葡萄是深根果树，一般根深达1~2米。栽植后要固定在一个地方多年，每年生长、开花、结果都需要大量的营养物质。因此，对各类土壤都要挖定植沟，增加有机肥和其他物质进行改良。由于葡萄定植行距较远，株距较近，因此在生产上应用定植沟改良土壤的方法进行栽植。植株成活后，每年持续在定植沟的一侧加宽30厘米，深60厘米，每亩施入有机肥3000~5000千克，进行扩沟施肥，在行间种植豆科作物进行改土。

（1）沙荒地的改良 我国沙荒地较多，要大力开发利用，栽植果树。但沙荒地土质瘠薄，有漏水、漏肥的缺点。因此，在定植之前，必须对定植沟内的土壤进行改良，定植葡萄后再对全园的土壤逐步进行改良。沙荒地定植沟的规格为深、宽各120厘米，沟底先垫20多厘米的黏

土，以保水、保肥，其上用黏土、碎玉米秸或麦秸、农家肥与表层土混合填入沟内，与地面相平，农家肥每亩用量为8000千克，定植后每株每年秋施肥50～80千克，要施黏土与农家肥、秸秆的堆肥，逐年加宽定植沟进行土壤改良，为葡萄根系创造良好的生长环境。

（2）盐碱地的改良 盐碱地一般地势低洼，地下水位偏高，土壤含盐量较多，容易导致葡萄树体早衰，产量下降。因此，盐碱地栽植果树必须先进行土壤改良，使土壤盐分降至果树的耐盐限度以下后，才能进行栽植。刘捍中对葡萄的耐盐碱限度进行研究发现，巨峰、玫瑰香、黑汉、龙眼、紫丰等自根树能在土壤含盐量为0.23%的条件下正常生长、结果，如果用耐盐碱砧木贝达、5BB、420A和1616C等嫁接品种苗，则生长、结果更好。盐碱地土壤的改良措施如下。

1）建立灌排水渠系，引淡水洗盐。通过挖沟，使台田、条田建立灌排水渠系，引入淡水灌入台田、条田畦面上，浸泡3～5天后排出，反复3～4次，可使盐碱土壤淡化。

2）深耕增施有机肥。盐碱地土壤比较板结，通透性差，每亩施有机肥8000千克左右，深翻25～30厘米，能疏松土壤和中和盐碱，并改良土壤的理化性质，促进团粒形成，提高土壤肥力，减少土壤水分蒸发，抑制返碱作用。

3）地面覆盖。绿肥，一方面可减少地面水分蒸发，抑制土壤返碱，另一方面又能减少杂草生长，增加土壤有机质。每隔2～3年将覆盖物翻入地下，再重新覆盖，对减少返盐、增加有机质作用明显。但秸秆要用土块等物压住，以防止风吹和着火。

（3）山坡地土壤改良 山坡地有不同的高程、坡向和坡度，对温度、光照、水分和土壤的影响很大。坡上空气流通、温度易发生变化，昼夜温差大，冬季果树易发生抽条和冻害；坡下峡谷低洼处，冷空气易下沉，早春和晚秋时易发生霜冻。

1）治理坡地沟谷。在建园坡内的大小沟谷，易造成水土流失，影响交通和葡萄园管理。因此，对较小的沟谷要尽量填平，以便统一区划。挖好宽1米深1米的定植沟，每株施有机肥200千克，与表土混合填平。对较大的难填平的地段，要砌成石谷堵水降速，沟头和沟坡要实行石土工程、造林、种草综合治理，以防止沟谷扩展。

2）修筑梯田。通常在10度以上的山坡，建园时都要修筑梯田。在坡度不大，坡面较平整的地段，为了提高耕作效率，可以修筑较宽的梯田面，每一梯田面上横坡栽植几行至数十行篱架葡萄。梯田面窄，容易施工，土壤的层次破坏小，保水保肥力强，便于果园各项作业。梯田面较宽，可采用向内倾斜式的台田面，防止雨水冲刷。台田横面要外高里低，有0.2%~0.3%的比降，降雨时台田面上的水可由梯田埂处流向台田里边的排水沟，逐级排出园外。一般葡萄园梯田面的长度以100~200米较适宜，如果过长则对灌排水和其他作业造成不便。梯田壁修筑一定要牢固，防止下雨冲垮，造成损失。梯田壁由石头砌成的，比较牢固耐久。

(4) 黏重土壤改良 黏重土壤通透性差，比较板结，土壤中空气少，不适宜果树根系生长。因此，在黏重土壤上栽植果树之前，需要挖定植沟进行土壤改良，其深、宽都为1米，要将表土与底层心土分别放在沟的两侧。回填时，先在沟底铺上20~30厘米厚的河沙或农作物秸秆，其上用表层土与腐熟农家有机肥和适量磷肥混合填平，用心土在定植沟两侧筑成畦埂，灌水沉实后再进行定植。每亩用农家肥5000~8000千克、沙土40~50米^{3}和过磷酸钙100~200千克，混匀后回填。

【提示】

葡萄是多年生农作物，一旦种植以后很难改变。所以在建园前一定要进行科学合理的规划，避免种植后因为规划不科学而造成各种损失。尽量减少或避免人为的原因，造成各种病害和生理障碍。

四、按株行距设定合理的架式与树形

行距3米以内的，采用篱架或双十字V形架、单十字飞鸟架；行距3米以上的采用棚架，山坡地区采用倾斜式棚架（大、小棚架看情况使用），平原地区采用水平棚架。棚架埋土防寒地区采用独龙干树形，不埋土防寒地区采用单干双臂水平形、H形树形。

1. 双十字V形架

双十字V形架（图3-2）是浙江省海盐县杨治元创造的新型实用架式，从1994年开始在海盐县藤稔葡萄普遍采用，获得良好的效果。到目前为止，这

图3-2 双十字V形架

种架式在浙江、上海、江苏等地推广面积已超过4000公顷。

（1）适用品种 长势中等的、偏弱的和稍强的品种均适用。欧美种如藤稔、巨峰、京亚、高妻、超藤、藤发、甬优1号、选拔140等，欧亚种如维多利亚、奥古斯特、87-1、京秀、香妃、京玉、里扎马特、红地球、意大利、红意大利、黑玫瑰、美人指等。

（2）结构 由架柱、2根横梁和6条拉丝组成。

1）立架柱。按行距2.5~2.7米立1行水泥柱（或竹、木、石柱），柱距4米，柱长2.9~3米，埋入土中0.6~0.7米，柱顶离地面2.2~2.4米（如果避雨栽培与避雨棚结合一步到位，就要特别注意架柱纵向和横向均要对齐，以利于建造避雨棚）。

2）架横梁。种植当年夏季或冬季修剪后，每个柱架2根横梁。下横梁长60厘米，扎在离地面115厘米处；上横梁80~100厘米长，扎在离地面150厘米处（长势中庸的品种）或155厘米（长势强的品种）处。2根横梁两头及高低必须一致。横梁以毛竹（1根劈成2片）为好，钢筋水泥预制横梁、角铁横梁、钢管横梁均可。木横梁不妥，木横梁易腐烂，会导致使用年限缩短。

3）拉丝。离地面90厘米处柱两边拉2条钢丝，2根横梁离边5厘米处打孔，各拉1条钢丝，形成双十字6条拉丝的架式。横梁两边的4条钢丝不宜用拉丝扎在横梁上，否则每年整理拉丝时较费工。6条拉丝最好用钢绞丝（电网上用的7股钢绞丝），耐用而不锈，且成本较低。

（3）特点 夏季护理叶幕呈V形，葡萄生长期叶幕形成3层：下层为通风带，中层为结果带，中、上层为光合带。蔓果生长规范，两边的果穗较整齐地挂在离中间架柱15~20厘米处，在避雨条件下，雨水一般不会淋至果穗上。

（4）优越性

1）增加光合面积。据杨治元测定，叶幕面积为地面面积的110%~120%。

2）提高叶幕层光照度。据杨治元测定，整个叶幕层在1天中均有半天以上受光。东边外侧、东边内侧、西边外侧、西边内侧四个侧面的光照度，晴天受光面上部1.5米处叶幕平均光照度为3.04万勒克斯，下部为2.16万勒克斯，明显优于单臂架和棚架。

3）提高光合效率。1995年7月26日浙江农业大学园艺系对杨治元藤稔葡萄园进行光能利用和光合效率测定，与单臂篱架比较：双十字V

形架光能利用率单叶提高25%，叶幕提高74%；光合速率单叶提高23%，叶幕提高70%。

4）提高萌芽率、萌芽整齐度，使新梢的生长均衡度一致，顶端优势不明显。

5）避免或减轻日烧。2001年浙江北部6月26日梅雨结束即转入高热天，据6月29日的海盐县气象站资料显示，最高气温达36.3℃，1.5米处为39℃。平湖市黄菇镇双龙葡萄园的单臂篱架在7月2日表现出日烧，露地栽培的藤稔葡萄日烧平均为6%，金峰为10%，避雨栽培红地球日烧为15%（主要表现在西边日烧）。离双龙葡萄园仅30千米的杨治元葡萄园及海盐县的大面积藤稔葡萄园，采用双十字V形架，因果穗在叶幕下而没有日烧果粒。

6）提高通风透光度，有利于减轻病害，提高果品质量。

7）省工、省力、省架材、省农药。规范栽培，操作容易；蔓果管理部位在1～1.6米，操作时不吃力，能提高功效；架柱与避雨棚架柱结合，可减少架材。

2. 单十字飞鸟架

单十字飞鸟架（图3-3）由浙江省农科院园艺所创造，2004年通过省级鉴定。该架式在江苏、上海、福建、广东、浙江等地应用后普遍反映良好，适合优质、省力、节本葡萄生产。

图3-3 单十字飞鸟架

（1）结构 由架柱、1根横梁和6（或5）条拉丝组成。

1）立架柱。行距2.5～2.7米立1行水泥柱（或竹柱、木柱、石柱），柱距4米，柱长2.9～3米，埋入土中0.6～0.7米，柱顶离地面2.2～2.4米（如果避雨栽培与避雨棚结合一步到位，要特别注意架柱纵向和横向均要对齐，有利于建造避雨棚）。

2）架横梁。种植当年夏季或冬季修剪后，每根柱架1根横梁，横梁距地面170厘米左右，具体高度视主要操作人员的身高而定。2根横梁两头及高低必须一致。横梁以毛竹（1根劈成2片）为好，钢筋水泥预制横梁、角铁横梁、钢管横梁均可。木横梁不妥，木横梁易腐烂，会导致使用年限缩短。

3）拉丝。离地面145厘米左右在柱两边拉2条（或1条）钢丝，在距离第一条拉丝25厘米左右，横梁距离柱子35厘米和2根横梁离边5厘米处各打孔，各拉1条钢丝。横梁两边2条拉丝不宜用扎丝扎在横梁上，否则每年整理拉丝时较费工。拉丝最好用钢绞丝（电网上用的7股钢绞丝），耐用而不锈，且成本低。

（2）优点

1）适合大多数品种，尤其适合生长势旺、不易形成花芽的品种，以及坐果差、易日烧、着色难的品种。

2）适宜各种栽培模式，露地栽培、避雨栽培和设施栽培（各种大棚）。

3）稳产性好，能缓和新梢生长势，花芽分化良好，连年产。

4）减轻劳动强度，因架式可以根据主要操作人员身高确定第一条拉丝的位置和果穗的高度，从而减轻因主干太高或太低造成摘心、疏果等抬头、举手、弯腰的劳动强度。

5）有利于节约成本，新梢统一向行间生长，等结果枝条叶片数量达到要求后，可用剪梢机械在同一高度剪去，较人工摘心效率提高好几倍。

五、苗木准备

1. 预定苗木

建园前需要进行严密细致的规划，因此需要的苗木也需要在上一年预定。有些葡萄种植者到建园时才临时起意，到处收集苗木枝条，结果导致建园质量差，留下无穷后患，可谓欲速则不达。

2. 苗木种类的选择

（1）自根苗　目前生产上使用的苗木大多还是品种自根苗。合格的自根苗木要求有5条以上完整根系，根系直径为2~3毫米。苗木剪口粗度在5毫米以上，完全成熟木质化，有3个以上饱满芽，无病虫害。

自根苗繁殖容易，成本低，欧亚种的自根苗盐碱土和钙质土适应能力强，但大部分主栽品种的自根抗寒、抗旱能力比嫁接苗差很多，有些品种比如藤稔及其他多倍体的品种发根能力差，或根系生长势弱。更重要的是品种自根苗不抗根瘤蚜，也不抗根结线虫及根癌病等，因此自根栽培仅适宜于无上述生物逆境、生态逆境胁迫的地区使用。

（2）嫁接苗　在我国北方因抗寒需要而长期使用贝达进行嫁接。随着葡萄根瘤蚜在我国多个省区市蔓延，使用能够抗根瘤蚜的抗性砧木嫁接已经成为首选，但是埋土防寒区选择抗性砧木时首先要考虑其抗寒性。需要抗涝的地区可以选择以河岸葡萄为主的杂交砧木。

成品嫁接苗是1年生嫁接苗，砧木长度是选择嫁接苗的关键。不同产区要求的砧木长度不同，南方没有寒害，砧木长20厘米即可，北方越是寒冷地区要求的砧木长度越长，目前进口的嫁接苗砧木长度为40厘米，一般地区推荐30厘米。检查嫁接苗要看嫁接口愈合部位是否牢固，可用手掰，看嫁接口是否完全愈合无裂缝，至少有数条根发出并分布均匀，接穗成熟，至少8厘米长。

（3）营养钵苗 为了"多快好省"，许多地方采用短枝扦插或嫁接的营养钵苗，当年夏季即下地种植，营养钵苗对育苗环节十分有利，但对种植环节多有不利。一是营养钵苗当年生长量较小，根系弱，抗旱能力差，新梢对霜霉病等十分敏感，要求管理精细；二是营养钵苗在北方枝条成熟度往往不足，根系浅，抗寒性差，冬季需要严密保护；三是从管理角度看非常浪费，定植营养钵苗的管理费用远远大于集中在苗圃培养大苗的费用。因此，营养钵苗只适合于个体家庭小规模建园。

3. 处理苗木

（1）修剪苗木 栽植前将苗木保留2~4个壮芽修剪，基层根一般可留10厘米，受伤根在伤部剪断（图3-4~图3-7）。如果苗木比较干，可在清水中浸泡1天。苗木准备好后要立即栽植，若不能很快栽完，可用湿麻袋或草帘遮盖，防止抽干。

图3-4　根系整修前

图3-5　根系整修后

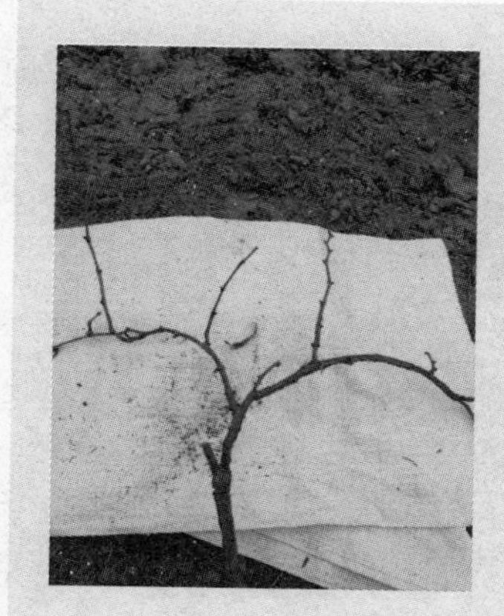

图3-6 枝条修剪前

图3-7 枝条修剪后

（2）消毒和浸根 为了减少病虫害特别是检疫害虫的传播，提倡双向消毒，即要求苗木生产者售苗时及使用者栽植前均对苗木进行消毒，包括杀虫剂（如辛硫磷）、杀菌剂（根据苗木供应地区的主要病害选择针对性药剂或广谱性杀菌剂）；以较高浓度浸泡0.5小时，然后在清水中浸泡漂洗；也可以使用ABT-3生根粉浸蘸根系，提高生根量和成活率。

4. 葡萄苗木定植技术

葡萄品种及砧木苗木的选择，应根据各个地区的气候品种区划、土壤种类和葡萄基地的生产任务确定，最好选用适宜本地区气候、土壤种类的无病毒品种砧木组合苗木。按行株距计算出每亩的用苗数量。一般购苗时应在预算苗木数量上增加5%左右，供选苗和第二年春季补苗之用。

（1）挖好定植沟 在规划设计好定植沟后，按株行距测量出定植沟的位置，定植沟一般深、宽各40～60厘米，按土质的好坏而定（图3-8）。挖定植沟时将表土和心土分别放置在两侧，沟底放入10厘米左右厚的农作物秸秆，如玉米秸、麦秸等，其上部用农家有机肥（每亩用5000千克以上）与表土混合回填，用心土在定植沟两侧筑埂，灌水沉实后再定植。

（2）栽植时期与方法 葡萄苗木栽植时期主要是春、冬两季。春季在气温上升到10℃时（3～5月）定植，冬季在苗木停止生长的11～12月进行；营养钵的绿苗在气温稳定在15～20℃时（5～6月）定植，成活率较高。

图 3-8　开挖定植沟

一般在定植点中心挖深、宽各 30 厘米的定植坑，将苗放在坑中心，把根系舒展均匀，逐层埋土，并用手轻轻向上提苗，使根系呈自然伸长状态，苗颈要高出地面 3～4 厘米，并略向上架方向倾斜（图 3-9），再埋土、灌水沉实。待水干后用黑色地膜覆盖定植沟（图 3-10），并用土将地膜两边压住，将苗茎扎孔露出膜外，用湿土将苗木处的地膜口盖严，以增温、保湿、提高成活率。

图 3-9　种植葡萄苗

图 3-10　覆盖黑色地膜

六、种植当年的培育管理

葡萄种植第二年有没有产量、产量多少由当年的培育管理决定。下面以双十字 V 形架为例，介绍葡萄定植当年的管理。

1. 及时搭架、上架

冬、春季建园时按定好的株行距及时搭好架。种植后每株苗插 1 根小竹竿（图 3-11），新梢长至 20 厘米以上及时绑缚在小竹竿上，避免大风吹断新梢，或人工操作不小心碰断新梢。新梢上架后及时绑在架面上，枝蔓拉开距离，使叶片不重叠，枝蔓不随风摇动而断新梢。

图 3-11　插小竹竿

嫁接苗新梢绑在小竹竿上，及时用刀片割破嫁接口的塑料薄膜。

【注意】

嫁接口绑缚的塑料薄膜种植前不能破膜，否则嫁接口易折断。

2. 主蔓培育

新梢长至 15～20 厘米留 1 个新梢，其余抹除，培育 1 个主干。

（1）4 条主蔓的培育　新梢长至架面（指水泥柱两边底层 2 条拉丝）下 30 厘米左右时，在架面下 40 厘米处摘心，形成 2 条主蔓。待较短的 1 条主蔓长至 30 厘米时，同一天同一高度在架面下 20 厘米处摘心，形成 4 条主蔓。注意第一次摘心后 2 条主蔓生长有快有慢，高低不一，要同一天同一高度摘心，使第二次摘心后形成的 4 条主蔓较均衡生长。4 条主蔓长至架面绑缚。上架面 4 条主蔓，待最短的 1 条蔓长至 6 叶以上时，4 条主蔓同一天架面上均 6 叶摘心，当顶端副梢再长至 6 叶以上时，4 条主蔓同一天架面上均 6 叶摘心。如果 4 条主蔓长短不一致，长得快的主蔓可先摘心，长得慢的主蔓可晚摘心，但早摘心和晚摘心的间隔期尽可能缩短。架面上 10～12 节新梢作为结果母枝。对其上再发出的新梢 4～6 叶摘心，反复 2～3 次，至 9 月中旬所有顶端副梢均摘心。

（2）2 条主蔓的培育　新梢长至架面下 10 厘米左右，在架面下 20 厘米摘心（图 3-12），形成 2 条主蔓，长至架面绑缚。上架面 2 条主蔓、待较短的1条主蔓长至6叶以上时，同一天架面上均6叶摘心，当顶端副梢再长至6叶以上时，2条主蔓同一天均4~6叶摘心，反复2~3次（图3-13），至9月中旬所有顶端副梢均摘心。

图3-12 新梢摘心

图3-13 新梢反复摘心

3. 肥水管理

要使当年种植培育的树苗达到生长指标，主要措施是肥、水促长。

（1）施肥 多数蔓长至8叶，已见卷须，揭去黑色地膜开始施肥。没有铺黑色地膜的，新梢未发卷须不宜施肥。肥料先淡后逐渐加浓。前2次用0.5%尿素浇施，从第三次开始可提高至1%浇施。前几次每株浇施肥水量不少于3千克，以后增加至5千克以上，随着根系的伸展增加至10千克。施肥面要宽。10~15天浇施1次，至8月中旬停止施用。遇雨天可撒施尿素，前几次每株每次可用3~5千克，以后可增加至5~7.5千克。要控制一次用肥量，尿素不宜超过10千克。

【注意】

如果中期苗长得快，应延长施肥间隔期，适当减少用肥量。

（2）供水 没有铺黑色地膜的，新梢未发卷须不宜施肥，遇旱土干只能浇水。施肥结合浇水，正常天气不必单独供水，遇10天以上久晴不降雨，应根据土壤墒情供水，保持土壤不干，如果土壤墒情不足，新梢生长极慢，视天气情况供水，一直至9月上旬。

有条件的揭除黑色地膜，在植株两旁铺稻草、麦秸、油菜籽壳等覆盖物，保持畦土不干。如能每亩铺施500千克左右腐熟畜、禽肥，对促苗生长极为有利。

4. 土的管理

(1) 翻土与松土 秋季结合施基肥，全园深翻土，靠近主干处应翻得浅一些，离主干远的地方翻得深一些。翻断一部分老根，促使发生新根。在葡萄生长期，结合施肥，浅松土，提高土壤通透性，有利于根系伸展。

(2) 及时除草 葡萄园由于肥力较好，当年种植树冠不大，杂草生长较快。可用草甘膦（农达）除草剂除草，注意不要喷到植株上。不能发生草荒，否则严重影响植株生长。

(3) 合理间作 为充分利用土地，在不影响葡萄生长的条件下，当年种植可在畦边套种蔬菜、豆类、绿肥等作物。套种作物必须离葡萄植株1米以上，只能在畦边种1行，不能种2行。套种早春作物，最迟6月底应收获完。秋季不能套种；高秆作物和瓜类不能套种。不合理的套种影响葡萄生长，是得不偿失。

5. 分类培育

(1) 快长苗 多培育1条主蔓，或下、中部的副梢适当放长至7～8叶摘心，适当控制肥水，逐步减缓生长。

(2) 稳长苗 按要求培育的主蔓数和副梢处理，正常肥水管理，使其继续稳健生长。

(3) 慢长苗（图3-14） 少培育1条主蔓，副梢留1叶绝后摘心，减少树体营养消耗，适当增加施肥供水次数，促其生长。

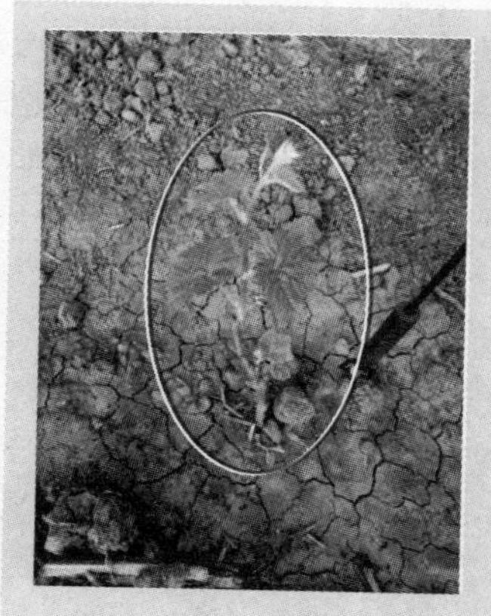

图3-14 慢长苗

【注意】

这类苗根系发育不好，不能增加一次的施肥量，否则会导致伤根而停止生长。

6. 病虫害防治

(1) 防病 主要防好黑痘病和霜霉病。新梢长至20厘米开始喷防病农药。可选用代森锰锌、必备（波尔多液可湿性粉剂）、大生、必绿2

号等保护性农药，可防止病害发生。视天气 10～15 天喷 1 次农药，若久晴不雨可少喷农药，霜霉病防治到 9 月。若发现黑痘病，可喷 6000 倍福星，控制病害发展。若发生霜霉病，可用 0.2～0.3 波美度石硫合剂控制病害发生，效果好，成本低。

（2）治虫 当年种植前期防治好小地老虎（咬断葡萄苗）、绿盲蝽（食害叶片穿孔）；中期防好透翅蛾（蛀入新蔓内危害）、天蛾（蚕食叶片）、叶蝉（叶片食成花斑）等虫害。

【提示】

葡萄年生长量大，只要选择壮苗种植，并加强栽后的当年管理，第二年就会获得一定的产量。如果管理得好再加上销售得好，第二年基本上能收回建园时的成本，以后每年的管理成本都会下降。

第四章
葡萄园的土肥水管理

第一节　土肥水管理过程中存在的问题

一、对土肥水管理的认识不够

在葡萄生产中，许多葡萄种植者只重视地上部的树体管理，忽视地面的土肥水管理工作，只是在定植前对土壤进行深翻改良，以后多年不进行土壤深翻，经过雨水和人员、机械的踩踏，造成土壤板结、透气性不好，影响葡萄根系的生长发育，减弱地上部新梢的生长。施肥时间很随意，不按照葡萄的生长需肥规律来施，在不需要施肥的季节进行施肥，造成肥料的极大浪费。比如，开花期需要抑制新梢生长，这个时候施肥能使新梢旺长，导致落花落果。灌水同样也是盲目性很大，没有根据天气及葡萄需水规律来灌水。

二、嫌葡萄园土壤改良太麻烦

葡萄园的土壤改良是一个繁重的体力活，并且见效慢，不像浇水施肥效果那样明显。有些葡萄种植者也知道改良土壤的好处，但是为了节省人工和减少开支，不进行或间隔多年进行土壤改良，致使土壤板结，透气性不良，根系生长不良，地上部新梢的生长减弱，叶片变小，花序分化不良，坐果率低，大小粒严重。特别是山区葡萄根系扎不下去，种植后2~3年树体一直长不大，造成葡萄树体未老先衰，成为“小老树”。

三、不能完全做到平衡施肥

由于缺乏肥源，有些大型葡萄园施肥以化肥为主，基本不施有机肥，土壤有机质含量越来越低，葡萄果实的品质逐年下降。多数葡萄园的效益是靠产量来实现的，为了提高产量，不得不加大施肥量，并且大量使用氮素肥料，造成葡萄树旺长，引起落花落果，果穗穗形不整齐、着色差、可溶性固形物含量降低，整体品质变差，销售困难。偏施氮肥容易使新梢徒长，新梢幼嫩、叶片变大、抗性降低，遇到雨水的季节和年份，极其容易感染病害。不重视其他元素肥料的使用，引发多种缺素症，叶片颜色发黄或变红，对叶片的光合作用影响很大。叶片制造养分的功能降低，一是葡萄树抗性下降，二是对果实综合品质影响很大。

四、没有及时灌水、实行节水灌溉

许多葡萄种植户不了解葡萄的需水规律，没能在葡萄需水的关键时期进行灌水。特别是我国北方的葡萄产区，开花前和幼果期是葡萄需水的关键时期，如果干旱没有灌水就会造成落花落果和日烧现象。如果在葡萄开花前浇水过多，导致土壤湿度大，就会促使新梢徒长，与花序争夺养分，造成落花落果和大小粒现象。在成熟前浇水会增加葡萄的产量，但是会推迟葡萄的成熟和降低可溶性固形物含量，使葡萄口感和品质变差。适度干旱会使葡萄提早成熟，但过分干旱会使葡萄粒重下降，产量降低，甚至使葡萄因缺水严重而发生萎蔫现象。另外，我国的部分葡萄产区还是采用传统的灌溉模式，大水进行全园漫灌（图 4-1）。特别是早春采用大水漫灌，能降低地温推迟萌芽。长期采用大水漫灌而又不进行中耕松土工作，会使土壤表层板结严重，土壤的透气性下降和根系上浮，从而使葡萄树体生长发育不健康，出现黄叶等生理现象。

图 4-1　大水进行全园漫灌

第二节　科学管理葡萄园土壤

一、葡萄园深翻改土的作用

1. 深翻改土对土壤的作用

葡萄根系深入土层的深浅与葡萄的生长结果有着密切的关系，支配根系分布的主要条件是土层厚度和理化特性。深翻改土可以促进土壤团粒结构的形成，提高土壤的含水量，增加土壤微生物含量，加强土壤微生物活动，从而可提高土壤肥力。

2. 深翻对根系的影响

深翻还会切断部分衰老根系，促进萌发活力更强旺的新根系，增加根系在土壤中的分布密度，增强其吸收土壤养分的能力。

3. 深翻对产量的影响

深翻以后葡萄植株生长健壮，叶片光合作用能力增强，有利于花芽的形成和产量的提高。根据山东省黄县林业局的调查发现，土壤深翻45～80厘米，能显著提高葡萄产量（表4-1）。

表4-1 深翻对玫瑰香葡萄根系与产量的影响

处理	根系生长状况			单株产量/千克	折合产量/（千克/公顷）
	分布深度/厘米	30%根系分布深度/厘米	根系密度/（条/米^2）		
深翻（45～80厘米）	105	45～90	225	19.8	42300
未深翻	63	22～36	81	8.1	29100

二、葡萄园深翻改土的时期及方法

1. 深翻改土的时期

实践证明葡萄园一年四季均可深翻，但应考虑当地的气候条件、劳力安排，采用相应的技术措施，这样才会收到良好的效果。

（1）秋季深翻 秋季深翻一般在果实采收前后结合秋施基肥尽早进行。此时地上部已无明显的生长，但叶片尚具有较高的光合能力，养分开始积累，根系正处于秋季发根高峰时期，深翻后根系伤口容易愈合，并且愈合后发生的细根量极大。因此，秋季深翻对于缓和树势、增加树体营养积累意义重大。深翻结合浇水，可使土粒与根系迅速接触，有利于根系生长。因此，秋季是葡萄园深翻最适宜时期。

（2）春季深翻 春季深翻应在解冻后极早进行。此时地上部尚处于休眠期，根系刚开始活动，生长较慢，但伤根后容易愈合再生。北方多春旱，深翻后需及时灌水。风大、干旱、缺水和寒冷地区，因土壤水分散失，伤根恢复慢，影响发芽和早期生长，不适宜进行深翻。

2. 深翻改土的方法

（1）株间深翻 主要是1年生葡萄树，在两棵葡萄树中间开挖宽25~30厘米、深30~50厘米、长80厘米左右的条沟，进行深翻改土，结合深翻施入有机肥。

（2）顺行深翻 从第二年起每年秋季在葡萄树一侧，距离葡萄树主干80厘米左右顺行向开挖宽30厘米、深40厘米左右的条沟，结合深翻改土施入有机肥。下一年在葡萄树的另一侧，开挖条沟进行深翻改土，以后每年轮换进行（图4-2）。对于种植面积较大的葡萄园，可以采用机械化深翻（图4-3）。

图4-2 顺行深翻

图4-3 机械化深翻

【提示】

① 深翻沟要距离主干80厘米左右，以免伤及大根。深翻时表土和心土要分开堆放，回填时把表土和有机肥混匀填入沟内，或先在沟底埋入作物秸秆，心土撒开风化。

② 每次深翻沟要与以前的沟或定植穴衔接，不得留下隔离带。黏质土的葡萄园尤其要注意，否则阻碍根系延伸，雨季容易积水。

③ 深翻过程中粗度在1厘米以上的根系，尽量不要截断。粗度在5~8毫米的根系可适当进行疏、截，以刺激新根发生。

三、葡萄园土壤的管理

1. 清耕法

图 4-4 清耕葡萄园

果园清耕是目前最为常用的葡萄园土壤管理制度。在少雨地区，春季清耕有利于地温回升，秋季清耕有利于晚熟葡萄利用地面散射光和辐射热，提高果实糖度和品质。清耕葡萄园（图 4-4）内不种植作物，一般在生长季节进行多次中耕，秋季深耕，保持表土疏松无杂草，同时可加大耕层厚度。清耕法可有效地促进微生物繁殖和有机物氧化分解，显著地改善和增加土壤中有机态氮素。但如果长期采用清耕法，在有机肥施用不足的情况下，土壤中的有机物会迅速减少；清耕法还会使土壤结构遭到破坏，在雨量较多的地区或降水较为集中的季节，容易造成水土流失。

2. 覆盖法

果园覆盖是目前一种先进的土壤管理方法，适于在干旱和土壤较为瘠薄的地区进行，有利于保持土壤水分和增加土壤有机质。葡萄园常用秸秆覆盖，以减少土壤水分蒸发和增加土壤有机质。覆盖作物秸秆需避开早春地温回升期，以利于提高地温。

初次覆草果园，覆草前每亩应先施含腐熟有机质的土杂肥 5000 千克后进行深翻改土，每株还应施入适量氮肥。覆盖应在灌水或雨后进行。不论树盘覆草还是全园覆草，距葡萄树根部 50 厘米左右最好不覆盖。为防止风吹和火灾，可在草上压些土。

覆草多少根据土质和草量决定，一般每亩覆干草 1500 ~ 2000 千克，厚度 15 ~ 20 厘米，上面压少量土，连覆 3 ~ 4 年后浅翻 1 次，浅翻结合秋施基肥进行。

有些葡萄园为了提高地温促进萌芽，在葡萄树下覆盖白色地膜以提高地温（图 4-5）。

3. 间作法

果园间作一般在距葡萄定植沟埂 30 厘米外进行，以免影响葡萄的正常发育生长。间作物以矮秆、生长期短的作物为主，如花生、豆类、中草药、葱蒜类等。

图 4-5 覆盖白色地膜

4. 免耕法

免耕法主要利用除草剂除草，对土壤一般不进行耕作。这种土壤管理方法具有保持土壤自然结构、节省劳力、降低生产成本等优点，在劳动力价格较高的城郊葡萄园应用较多。

常用的除草剂有拉索、草甘膦等。拉索是苗前除草剂，一般在春季杂草萌芽前喷施。草甘膦是广谱型除草剂，可通过杂草茎叶吸收，向全株各部位输导而导致杂草死亡。

5. 生草法

在年降雨量较多或有灌水条件的地区，可以采用果园生草法。草种有多年生牧草和禾本科植物，如毛叶苕子、三叶草、鸭茅草、黑麦草、百脉根、苜蓿等，一般在整个生长季节内均可播种。

第三节 科学施肥

一、主要营养元素对葡萄生长结果的作用

1. 氮

氮是组成各种氨基酸和蛋白质所必需的元素，而氨基酸又是构成植物体中的核酸、叶绿素、磷脂、生物碱、维生素等物质的基础。氮肥在

葡萄整个生命过程中的作用主要是促进营养生长，扩大树体，使幼树早成形，老树延迟衰老，因而氮肥又被称为“枝肥”或“叶肥”。此外，氮还具有提高光合效能，增进品种和提高产量的作用。

随着氮素使用量的增加，产量也相应增加。但是氮素使用量过大，其他矿质元素不能按比例增加时，又会引起枝叶徒长，消耗大量碳水化合物，影响根系生长，使花芽分化受阻，落花落果严重，产量低、品质差，植株的抗性降低。

2. 磷

磷是构成细胞核、磷脂等的主要成分之一，积极参与碳水化合物的代谢和加速许多酶的活化过程，调节土壤中可吸收氮的含量，促进花芽分化、果实发育、种子成熟，增加产量和改进品质，还能提高根系的吸收能力，促进新根的发生与生长，提高抗寒和抗旱能力。

磷素过多又会抑制氮、钾的吸收，并使土壤中或葡萄体内的铁不活化，植株生长不良，叶片黄化，产量降低，还能引起锌素不足。

3. 钾

钾对碳水化合物的合成、运转、转化起着重要的作用，可促进果实肥大和成熟，提高品质和耐贮性，并促进枝条加粗生长和成熟，提高抗寒、抗旱、耐高温和抗病虫害的能力。葡萄需钾量特别大，整个生长期都需要大量的钾，尤其是在果实成熟期间的需要量最大，因而有“钾质作物”之称。

钾在葡萄各个器官的分布随物候期而变化，由于钾的可移动性，因而以生长旺盛的部位及果实内含钾最多，晚秋葡萄进入休眠期，钾又可以转运到根部，有一部分随落叶回到土壤中。

4. 钙

钙在植物体内起着平衡生理活性的作用，适量钙素可减轻土壤中钾、钠、锰、铝等离子的毒害作用，使葡萄正常吸收铵态氮，促进根系的生长发育。钙还是细胞壁的组成部分。

如果钙素过多，土壤会偏碱性而板结，使铁、锰、锌、硼等不容易被吸收，导致葡萄出现其他的缺素症状。

5. 镁

镁是叶绿素和某些酶的重要组成成分，对植株的光合作用和呼吸代谢有一定的影响。镁也可以促进果实肥大，增加品质。

6. 锌

锌参与生长素的合成，又是色氨酸的组成成分。

7. 硼

硼能改进糖类和蛋白质的代谢作用，促进花粉粒的萌发和子房的发育；有利于根系的生长及愈伤组织的形成；能提高维生素和糖的含量，增进品质。

8. 铁

铁是光合作用中氧化剂的触媒剂，又与叶绿素的形成有密切关系。铁还是呼吸作用中氧化酶的重要组成之一。

二、葡萄缺素症状及补救方法

1. 缺氮

【症状】 缺氮时叶片黄化，影响碳水化合物和蛋白质等的形成，影响葡萄的生长，致使生长势弱、枝叶少，落花落果严重（彩图30）。长期缺氮，则导致葡萄植株利用贮存在枝干和根系中的含氮有机化合物，从而降低植株氮素营养水平，表现为萌芽开花不整齐，根系不发达，树体衰弱，植株矮小，抗逆性降低，树龄缩短。

【补救方法】 ①在秋季施基肥时，增加氮肥的使用量。②在生长季节出现缺氮症状时，叶面喷施0.3%尿素溶液，每隔5天左右喷施1次，连喷3~4次。③在出现症状初期，用滴灌滴施水溶性氮肥，或土壤追施氮肥，施后浇1次水。

2. 缺磷

【症状】 缺磷时酶的活性降低，碳水化合物、蛋白质的代谢受阻，影响分生组织的正常活动。延迟萌芽和开花物候期，降低萌芽率。新梢和细根的生长减弱、叶片变小，积累在组织中的糖类转化为花青素，叶片由绿色转变为青铜色，叶缘紫红，出现半月形坏死斑，基部叶片早期脱落（彩图31）。花芽分化不良，果实品种和植株抗逆性降低。

【补救方法】 ①结合秋季施基肥，对土壤施用过磷酸钙或钙镁磷肥，每亩使用50千克左右。②在生长季节，叶片出现缺磷症状初期，叶面喷施0.3%磷酸二氢钾溶液。

3. 缺钾

【症状】 缺钾的可见症状出现在夏初新梢中部的叶片上，首先是叶缘褪绿黄化，逐渐进入主脉间区域，并向叶片中央延伸。叶缘出现褐色枯斑，向上或向下卷曲（彩图32），叶片逐渐变成黄绿色。因着色期成熟的果粒成为钾汇集点，因而其他器官缺钾现象更为突出。严重缺钾的葡萄植株，果穗少而小，穗粒紧、果粒小，着色不均匀。无核白品种可见到果穗下部萎蔫，采收时果粒变成干果粒或不成熟。

【补救方法】①在秋季施基肥时，每亩使用氧化钾20千克。②在生长季节叶面喷施0.3%磷酸二氢钾。

4. 缺钙

【症状】缺钙会影响氮的代谢和营养物质的运输，不利于铵态氮吸收，会使蛋白质分解过程中产生的草酸不能很好地被中和而对植物产生伤害。其主要表现是：新根短粗、弯曲，尖端不久会变褐色枯死；叶片较小，严重时枝条枯死和花朵萎缩。缺钙与土壤pH或其他元素过多有关，当土壤为强酸性时，有效钙含量降低；含钾量过高也会造成钙的缺乏。

【补救方法】①叶面喷施0.3%氯化钙水溶液。②避免一次性施用大量钾肥和氮肥。

5. 缺镁

【症状】缺镁使叶绿素不能形成，出现失绿症状，尤其在叶脉之间形成黄绿色、黄色或乳白色（彩图33）。葡萄植株生长停滞，严重时新梢基部叶片脱落。缺镁对果粒大小和产量的影响不明显，但能影响葡萄果实着色，推迟成熟，可溶性固形物含量降低，使果实品质明显降低。

【补救方法】①在葡萄植株出现缺镁症状时，叶面喷施3%~4%的硫酸镁溶液，生长季节喷施3~4次。②缺镁严重时，对土壤施用硫酸镁，每亩使用100千克。

6. 缺锌

【症状】缺锌的典型症状是“小叶病”，即新梢顶部叶片狭小或枝条纤细，节间短，小叶密集丛生（彩图34），叶片厚而脆。这是由于锌的缺乏，导致了生长素含量低而引起异常生长。缺锌还造成果穗上大小粒现象，但果粒不变形或不出现畸形果粒。

【补救方法】①涂枝法，在修剪后，立即用硫酸锌涂抹离最高节约1.27厘米处结果母枝，用量为每升水加入36%硫酸锌117克。②叶面喷施，在开花前2~3周喷施硫酸锌。

7. 缺硼

【症状】缺硼首先使新梢顶端的幼叶出现浅黄色小斑点，随后连成一片，使叶脉间的组织变黄，最后变褐色枯死。轻度缺硼的葡萄花序大小和形状与正常植株一样。缺硼严重时，花序小，花蕾数少，开花时花冠只有1~2片从基部开裂，向上弯曲，其他部分仍附在花萼上包住雄蕊。缺硼更严重时，花冠不开裂，而变成赤褐色留在花蕾上，最后脱落；花粉的发芽率显著低于健康植株，因而影响受精引起落花。葡萄缺硼时，在落花后经过1周子房脱落，坐果差，使果穗稀疏（彩图35）；有的子房不脱落，成为不受精的无核小果。若在果粒膨大期缺硼，果肉内部分裂组织枯死变褐色；硬核期缺硼，果实周围维管束和果皮外壁枯死变褐色，成为“石葡萄”。

【补救方法】 ①结合秋季施基肥，每亩使用1.5~2千克硼砂或硼酸。②在生长季节叶面喷施0.2%的硼砂溶液。

8. 缺铁

【症状】 缺铁会影响叶绿素的形成，使幼叶失绿，叶肉呈黄绿色，叶脉仍为绿色，所以缺铁又称黄叶病。严重缺铁时，叶片小而薄，叶肉呈黄白色或乳白色，随病情加重，叶脉失绿也变成黄色。叶片出现栗褐色的枯斑或枯边，逐渐枯死脱落（彩图36），甚至发生枯梢现象。

【补救方法】 ①涂枝法，可以用硫酸亚铁涂抹枝条，用量为每升水加硫酸亚铁179~197克，修剪后涂抹顶芽以上部位。②叶面喷施，在生长季节，每隔10~20天叶面喷施10%硫酸亚铁溶液。

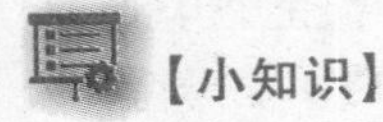
【小知识】

营养元素间的相互关系

葡萄生长发育需要多种营养元素，所以肥料不能单一使用。即使用复合肥料也要注意元素间的相互比例关系，如果比例关系失调，就会发生拮抗作用。

（1）相助作用 当一种元素增加时，另一种元素随之增加的称相助作用。例如，氮与钙、镁之间即存在这种作用。

（2）拮抗作用 甲元素增加，乙元素就减少；甲元素越多，乙元素就越少。这种现象称拮抗作用。氮与钾、硼、铜、锌、磷等元素间就存在拮抗作用。如果过量使用氮肥而不相应地施用上述元素，葡萄树体内钾、硼、铜、锌和磷等元素含量就会相应减少。

三、肥料种类及其主要营养元素含量

1. 允许施用的肥料

（1）农家肥 包括厩肥（猪、羊、牛、鸡、鸭、鹅、兔、鸽等粪尿肥），各种饼肥、堆肥、未经污染的泥肥，应用时应经过充分发酵、腐熟（表4-2）。

表4-2 常见有机肥料主要养分含量（%）

肥料种类	厩肥	人粪	人尿	人粪尿	猪粪	马粪	牛粪	羊粪	鸡粪	鸭粪	鹅粪	鸽粪	棉籽饼	菜籽饼	花生饼
氮	0.5	1.0	0.43	0.5~0.8	0.6	0.5	0.32	0.65	1.63	1.0	0.55	1.76	5.6	4.6	6.4
磷	0.25	0.36	0.06	0.2~0.6	0.4	0.3	0.21	0.47	1.54	1.4	0.54	1.78	2.5	2.5	1.1
钾	0.5	0.34	0.28	0.2~0.3	0.44	0.24	0.15	0.23	0.85	0.62	0.95	1.0	0.85	1.4	1.9

（2）绿肥和作物秸秆肥 种植的绿肥及作物秸秆（表4-3）。

表4-3 常见绿肥及秸秆主要养分含量（%）

肥料种类	苕子	紫云英	田菁	草木犀	苜蓿	小麦秸秆	玉米秸
氮	0.56	0.48	0.52	0.52~0.6	0.79	0.48	0.48
磷	0.63	0.09	0.07	0.04~0.12	0.11	0.22	0.38
钾	0.43	0.37	0.15	0.27~0.28	0.4	0.63	0.64

（3）商品有机肥 以生物物质、动植物残体、排泄物、生物废弃物等为原料，加工制成的肥料。

（4）腐殖酸类肥料 以草炭、褐煤、风化煤为原料生产的腐殖酸类肥料。

（5）生物肥料 生物肥料是特定的微生物菌种生产的活性微生物制剂，无毒无害，不污染环境，通过微生物活动改善营养或产生植物激素，促进植株生长，主要包括以下5类。

1）微生物复合肥，以固氮类细菌、活化钾细菌、活化磷细菌3类有益细菌共生体系为主，互不拮抗，能提高土壤营养供应水平，是生产无污染无公害食品、绿色食品的理想肥源。

2）固氮菌肥，能在土壤和作物根际固定氮素，为作物提供氮素营养。

3）根瘤菌肥料，能增加土壤中的氮素营养。

4）磷细菌肥料，能把土壤中难溶性磷转化为作物可利用的有效磷，改善磷素营养。

5）磷酸盐菌肥，能对土壤中含钾的磷酸盐及磷灰石进行分解释放出来。

（6）有机复合肥 有机和无机物质混合或化合制剂，如经过无公害处理的畜禽粪便，加入适量的锌、锰、硼等微量元素制成的肥料及发酵废液干燥肥料等。

（7）无机（矿物）肥料 包括氮肥、磷肥、钾肥、硫肥、钙肥、镁肥及复合（混）肥等。

1）氮肥，常用的有尿素、碳酸氢铵、硫酸铵和氯化铵等。尿素含氮量为46%，为白色晶体或颗粒，易溶于水，水溶液呈中性，常温下不易分解。尿素施入土壤后在微生物的作用下转化为碳酸氢铵，然后为作物所吸收。尿素适宜做基肥或追肥，施肥后应及时灌水。另外，尿素还适宜用作叶面追肥，常用量为0.2%～0.3%。

2）磷肥，常用的有过磷酸钙和钙镁磷肥等。过磷酸钙主要为五氧化二磷，含量为12%～20%，易吸湿结块。过磷酸钙一般作为基肥施用，与有机肥混合使用可减少磷的固定。钙镁磷肥是常用的弱酸溶性磷肥，含有效磷12%～20%。钙镁磷肥肥效不如过磷酸钙，但后效期长，一般作为基肥，与有机肥混合使用，每亩用量为20～30千克。

3）钾肥，常用的有硫酸钾和氯化钾。硫酸钾含有效钾33%～50%，为白色或浅白色结晶或颗粒，也有红色的。硫酸钾易溶于水，是生理酸性的速效性肥料。可作为基肥、追肥和叶面追肥用，一般与有机肥混合使用效果较好。其用量根据土壤缺钾状况确定。氯化钾含有效钾54%～60%，颜色多为白色或浅黄色，可作为基肥、追肥用，一般与有机肥混合使用效果较好。

4）磷酸二氢钾，是磷、钾复合肥。作为肥料的磷酸二氢钾一般含有效磷45%，含有效钾31%以上，可作基肥、追肥及叶面追肥施用。叶面喷肥使用量一般为0.2%左右。

2. 允许使用的叶面肥

允许使用的叶面肥包括大量元素肥料、微量元素肥料、氨基酸类肥料、腐殖酸类肥料。

【注意】

葡萄叶面追肥中不得含有化学合成的植物生长调节剂。

3. 允许使用的其他肥料

不含合成添加剂的食品、纺织工业的有机副产品；不含防腐剂的鱼渣、牛、羊毛、废料、骨粉、氨基酸残渣、骨胶废渣、家畜加工废料等制成的有机肥料。

【提示】

上述允许使用的商品肥料应是在农业行政主管部门登记或免于登记的肥料。

4. 限制使用的肥料

限量使用氮肥，限量使用含氮复合肥。

5. 禁止使用的化学肥料

生产绿色食品时禁止使用硝态氮肥。劣质磷肥中含有害金属和二氯乙醛，会造成土壤污染，不可施用。

参考施肥量：每生产100千克浆果1年需施纯氮0.25~0.75千克、磷0.25~0.75千克、钾0.35~1.1千克。根据葡萄需肥规律进行配方施肥或平衡施肥。

【小知识】

施肥量，应依据地力、树势、产量和品种耐肥程度的不同，合理掌握。

四、科学施肥方法

1. 增施有机肥料和磷、钾肥料

提高葡萄果品质量，有机肥的用量按含氮计应达到全年施肥量的50%左右。有机肥以畜、禽肥为主，能提高葡萄的含糖量。增施磷、钾肥对葡萄植株健壮生长和提高葡萄果品质量效果较显著，以施用氮、磷、钾复合肥为主，配施磷化肥和硫酸钾，使氮、磷、钾的比例达到1∶0.8∶1.1。

2. 生长季节膨果肥和着色肥的施用

膨果肥和着色肥的施用种类和施用量要通过实践按优质栽培的要

求，确定当地的施肥指标。膨果肥氮、磷、钾肥配合施用，着色肥以磷、钾肥为主。早熟品种因果实膨大期时间短，着色肥一般不使用。

肥水结合，在避雨栽培条件下施用肥料后必须及时供水，因肥料溶解于水才能被葡萄根系吸收；如果不及时供水，根系吸收肥料养分很慢，土壤溶液浓度过高，易导致肥害。供水量根据葡萄园土壤含水量确定。

3. 重视叶面肥的施用

如果生长季节的后期阴雨天气过多，光照减弱1/4～1/3，就会导致蔓叶略有徒长，表现为叶片较薄、叶色较浅，通过叶面施肥，可以增厚叶片，加深叶色。

根外追肥是将肥料配成水溶液后喷施在叶面上，通过叶片表（背）面气孔和角质层透入叶内被吸收利用。

（1）叶面追肥的优点和效用 叶面追肥的优点：吸肥均匀，蔓、叶、果均能吸收；发挥作用快，喷后15～120分钟内即可被吸收利用，3～5天叶片就能表现出来，25～30天作用消失；能及时补充营养，尤其是长势不好的树及生长后期；能提高叶片光合强度0.5倍以上；肥料利用率高，成本低；可与一般防病农药混合使用。但叶面肥只能作为补充营养，不能代替根际施肥，葡萄矿质养分来源主要靠根部吸收。

（2）叶面肥的选择 各地可根据试验效果来选择不同种类的叶面肥，如爱多收、金邦1号、植宝18、惠满丰、植物动力2003、802广增素、真菌肥王，以及绿芬威1号、2号、3号等。

（3）叶面肥的施用 新梢长到20厘米即可施用，直至8月。前期1个月喷2次，后期1个月喷1～2次，全期喷8～10次。各种叶面肥交替施用，磷酸二氢钾和尿素应混合施用。

1）施用浓度。应按各种叶面肥的施用浓度要求施用，不可随意增加或降低施用浓度。

2）喷施时间。在葡萄生长期内均可喷施。选择无风或微风天喷施，最好在多云天或阴天喷施；晴天应在早晨露水干后至10:00前或下午4:00后喷施。避免在晴热天午间施用。

3）喷施方法。先把肥料用少量水配成母液，然后按施用浓度稀释成溶液，喷雾时要仔细。

4）合理混用。多数叶面肥可与一般治虫、防病农药混合喷施，节省劳力。有些叶面肥如植物动力2003不能与农药混用。应按使用说明书规定，不能与农药混用的叶面肥必须单用。

5）尿素的选择。尿素内含有缩二脲，对叶片有毒害。根外追肥的尿素应按国家规定缩二脲的含量：颗粒状一级品小于或等于1%，二级品小于或等于2%；结晶状一级品小于或等于0.5%，二级品小于或等于1%。尽量选用一级品。缩二脲含量超过国家规定的尿素，不能用于根外追肥。

6）注意。最后一次叶面肥的施用时间应距采收期20天以上。

4. 农家肥和化肥的施用

（1）农家肥的施用 施用农家肥时，可用适量化肥，如尿素、磷酸二铵、过磷酸钙等，效果更好。一般每亩施优质农家肥5000千克以上。不同的品种在不同的地区施肥量不同，如红地球葡萄，中国农业科学院果树研究所（2002年）提出每亩施优质农家肥6000～8000千克，即每株施50～100千克；河北张家口地区（1995年）提出每亩施优质农家肥5000～7000千克；辽宁地区（1996年）提出每亩施优质农家肥3000～5000千克。一般在果实采收后用沟施方法施入，即在须根外部挖1条深40～60厘米、宽20～40厘米的沟，施肥后覆土灌水。

（2）化肥的施用 在施有机肥的基础上，一般每年追施3～4次化肥。第一次在发芽前，主要追施氮肥，施后及时灌水，以促进发芽；第二次在抽枝和开花前喷施硼肥，以提高坐果率；第三次在果实膨大期，主要追施复合肥，叶面喷施钙、镁、锰、锌等肥；第四次在果实着色初期，主要追施磷酸二氢钾。另外，不同果园的营养状况，在不同的时期可通过叶面喷施的方法进行追肥。根据各个葡萄园的具体情况，每年喷施3～4次。前期以氮肥为主，如0.2%～0.3%尿素；后期以磷、钾肥为主，如磷酸二氢钾和钙镁磷肥复合肥等。

【提示】

葡萄树施肥要有机肥与化肥配合使用，单用化肥容易引起土壤板结。施肥种类不要单一，要多种元素肥料相结合，满足葡萄树的需要。施肥最好按照葡萄的生长发育规律，做到分期施肥，避免一次性施肥量过大。建议以秋季深翻为主（占全年施肥量的70%），生长季节深翻为辅（占全年施肥量的30%）。生长季节的施肥分2～3次进行。

第四节　科学灌水与排水

一、根据葡萄生长结果进行灌水与控水

1. 催芽水

北方在葡萄出土上架至萌芽前10天左右，结合追肥灌1次水。防止因埋土浅而引起的抽条，以促进葡萄植株萌芽整齐，有利于新梢迅速生长。南方葡萄萌芽期、开花期，正是雨水过多季节，不缺水，要注意排水。

2. 促花水

北方春季干旱少雨，葡萄从萌芽到开花需44天左右，一般灌水1~2次，以促进新梢、叶片迅速生长和花序进一步分化与增大。花前最后一次灌水，不应迟于始花前1周。这次灌水一定要灌透，使土壤水分能保持到坐果稳定后，尤其是树势中庸和树势较弱的树。开花期切忌浇水，防止加剧落花落果。

3. 幼果期

结合施肥进行灌水，此期应有充足的水分供应。随着果实负载量的不断加大，新梢的生长明显减弱。此期应加强肥水供应，增强新梢的生长，防止新梢过早停长，灌水次数视降雨情况而定。

4. 果实成熟期

一般不浇水，除非天气特别干旱。应适量灌水，避免大水漫灌，以防止葡萄裂果。特别注意防止雨前充分灌水，因为雨后极易导致葡萄园积水，引发一系列问题。

5. 采果后

结合施基肥灌水1次，促进营养物质吸收，有利于根系的愈合及发生新根；遇到秋旱时应灌水。

6. 封冻水

在葡萄埋土防寒后土壤封冻前应灌水1次，以利于葡萄越冬。

【注意】

上述各个灌水时期，应根据当时的天气情况决定是否灌水及灌水量的大小。强调浇匀、浇足、浇遍，不得跑水或局部积水，地块太顺的要求拦截水流，保证浇透。

二、做好排水工作

1. 排水不良对葡萄的危害

在葡萄生长的7～8月，在我国一般都是雨季，特别是南方避雨栽培地区，夏季雨水比较集中，降雨强度大时，就容易造成葡萄园积水。积水时土壤中水分过多，空气就减少，葡萄根系呼吸困难。长期积水，会导致土壤严重缺氧，根系进行无氧呼吸，引起中毒死亡，因此要密切注意排水。

2. 排水方法

一般平原地区葡萄园的排水方法有明沟排水和暗沟排水两种。明沟排水由总排水沟、干沟和子沟组成，具有降低地下水位的作用。暗沟排水是在葡萄园地下安装管道，将土壤中多余的水分由管道排出。山地葡萄园宜采用沟排水，排水系统按自然水路网的趋势，由集水的等高沟和总排水沟组成。

三、滴灌

1. 滴灌的优点

滴灌是通过特制滴头点滴的方式，将水缓慢地送到作物根部，减少蒸发损失，避免地表径流和深层渗漏，可节水、保墒、防止土壤盐渍化，而且不受地形影响，适应性广。滴灌具有以下优点。

(1) 节水 提高水的利用率，滴灌的水分利用率高达90%左右，可大量节水。

(2) 减小果园空气湿度，减少病虫害发生 采用滴灌可减少地面蒸发，果园内的空气湿度显著下降，减轻病虫害的发生和蔓延。

(3) 提高劳动生产率 在滴灌系统中有施肥装置，肥料随灌溉水直接送到植株根部，减少施肥用工，并且可提高肥效。

(4) 降低生产成本 滴灌实现了果园灌溉的自动化，可减少用工，降低生产成本。

(5) 适应性强 滴灌不用平整土地，适用于任何地形和土壤类型，不产生地面径流和深层渗漏。

2. 滴灌的组成

滴灌是通过低压管道系统与安装在末级管道上的特制滴水器（滴头或滴灌带），将水和作物所需的养分以较小的流量均匀、准确地直接输送到作物根部附近的土壤表面或土层中（图4-6）。滴灌系统由水源、首部枢纽、各级输水管道和滴水器组成。

水源可用符合要求的河流、湖泊、沟渠、井、泉水等。首部枢纽由水泵、动力机、过滤器、施肥罐、测量控制仪表组成。输配水管网包括管道和管件。管网通常分为干管、支管和毛管三级，一般采用塑料管道。滴水器是滴灌系统中的重要组成部分，有滴头和滴灌带等。

图 4-6 滴灌

【提示】

滴灌的突出问题是滴水器易堵塞，严重时会使整个系统无法正常运行。因此，滴灌用水一定要做净水处理。

3. 使用喷软管（植物输液管）

（1）软管（输液管）性能 薄壁软管式滴灌带采用特殊塑料材质制造，滴孔一次性真空整体热压成形，制造精度高，能有效地防止堵塞，出水量均匀，产品结实耐用，抗老化性强，可使用 3 个生长季。

（2）安装 整套喷水装置由 4 部分组成：水源与水泵、节管（三通、四通）、主管带（导管）和滴灌带。

1）滴灌带定位。行距 2.5 米左右的葡萄园每行安装 1 条，行距超过 3 米的葡萄园每行安装 2 条。

2）按滴灌带定的位置配好节管（三通或四通），量裁好主管带。按主管带位置到葡萄园的一端长度，量裁好滴灌带。

3）主管带的选用。葡萄园面积较大，可用 N80 的主管带，面积较小的葡萄园可用尼龙管或硬塑管。

4）主管带安装位置。主管带视葡萄园长度可安装在一端（较短的葡萄园），也可安装在中间（较长的葡萄园）。靠近压力水源和水泵的一端接皮管，另一端接节管（三通或四通）。安装在葡萄园的主管带两端接在节管上（三通或四通），要接牢固，不能漏水。

5）滴灌带要正确安装。滴灌带放在畦面，孔口朝上。一端接在节管上（三通或四通），尾部采用打三角结的方式封储。滴灌带铺设要平展，不得打折或打结扭曲。

6）开关阀门。面积较大的葡萄园在水池出口处和导管上安装若干个开关阀门，可实行分批供水。面积较小的葡萄园在水池出口处安装1个开关阀门。开关阀门可调节喷水距离。

（3）注意事项

1）铺滴灌带的畦面要平整，滴灌带的尾部要用砖块压住，避免风吹移动软管。喷水前要检查，如果软管移位、弯曲、打折，要整理平展后再喷水。

2）如果软管个别微孔堵塞，在喷水时轻拍软管，堵塞即可排除。

3）如果遇软管破损轻微，可用胶带绕软管环贴2层；如果破损较多，将破损段剪除，用与软管外径相同的竹管连接被剪断的两管即可。软管套在竹管处用铁丝扎紧，防止漏水。

4）主管带切忌直接连在高压水泵上，中间最好用厚皮管过渡，长度最好超过10米。

5）水泵进水处包扎过滤网片或使用过滤器。

6）运输、铺设中严禁机械或人为损伤。

7）田间作业时不要人为破损软管，尤其是除草时。

8）停止喷水后将全套装置拆除，整理保管好，第二年再安装，可以延长使用寿命。

四、简易水肥一体化

简易水肥一体化是根据当前山区葡萄种植分散的特点或缺乏浇水的条件，利用三轮车、贮水罐或施肥枪将水肥溶液施入果树根际的施肥方式。

1. 简易水肥一体化的特点

（1）速效 肥和水结合，非常有利于肥料的快速吸收，避免传统施肥等天下雨的窘境。在肥料施入3~5天后就可以看到明显的效果。

（2）高效 传统施肥由于肥料在土壤中存留时间较长，经挥发、淋溶、径流、被土壤固定，利用率很低。根据有关调查，传统施肥方式下，氮肥利用率只有26.9%，磷肥利用率为5.9%，钾肥利用率为43.6%。而采用水肥一体化追肥，肥料利用率可大幅提高。

（3）精准 可以根据葡萄的对养分的需求规律，将树体急需的营养元素及时供应给葡萄树。少量多施，在施肥时间、肥料种类及肥料数量上符合葡萄生长规律。

（4）可控、无损 采用简易水肥一体化追肥，可以准确控制肥效。不损伤葡萄根系，不损伤土壤结构，不损失肥料营养。

（5）省工 简易水肥一体化追肥用工量是传统追肥的1/10～1/5，节省大量人工投资。

2. 简易水肥一体化的结构

（1）三轮车 可以用柴油三轮车、汽油三轮车或大型电动三轮，葡萄园面积小时可以用大型电动三轮车，面积大时用汽油或柴油三轮车。如果需要加压，也会用到三轮车。

（2）管道 葡萄园面积较大，地面严重不平时，可以采用滴灌，具体结构同上述滴灌组成。

（3）加压泵 利用打药机（图4-7）加压即可，打药机出水口与管道连接。

（4）施肥枪（图4-8） 葡萄园面积较小时，可以采用施肥枪施肥。

图4-7 打药机

图4-8 施肥枪

第五章
葡萄的整形修剪

第一节　葡萄整形修剪中存在的问题

一、树形与架式不配套

北方葡萄栽培区需要埋土防寒，采用的架式多为篱架或倾斜式棚架（根据地形采用大型或小型），树形应该采用结构简单的“龙干形”或“单干单臂”，以利于埋土防寒。有些葡萄种植户到南方参观考察后，盲目照搬南方的棚架 H 形树形或 X 形树形进行整形，结果树体高大且结构复杂，冬季不方便进行埋土防寒，或因葡萄树体埋土不严实而发生冻害，造成萌芽迟且不整齐，甚至部分枝条冻死。南方葡萄栽培区湿度大，适宜采用高架栽培，以利于通风透光降低湿度，控制病害的发生。有些葡萄种植户盲目套用北方的葡萄栽培架式，树干较低，离地面太近，葡萄园内通风透光条件不好，湿度太大，容易诱发多种病害，造成叶片早期脱落和果实大量腐烂。有些葡萄种植户虽然采用高架，但是树形选择的是规则扇形进行整形，造成架面郁闭，通风透光不良，容易发生多种病害。有些葡萄种植者采用单干四臂水平形树形，而第一道拉丝只有 1 条，4 条主蔓在拉丝上绑不下，人为造成架面拥挤现象，第二年萌芽后新梢密集无法下手抹芽，需要进行多次抹芽工作，白白增加抹芽的工作量。有些葡萄产区的葡萄种植者采用篱架栽培，然而树形却采用倾斜式棚架所用的龙干形树形，每年冬季修剪采用极短梢修剪方法，修剪过重，留下的冬芽少而贮藏的养分多，致使树势过旺，新梢徒长，与花序争夺养分，引起落花落果。

二、修剪方法单一

目前我国北方葡萄的各个产区，冬季修剪仍以短梢或极短梢修剪为主，配合少量的疏枝为辅，基本不用中、长梢修剪，很少采用回缩更新的修剪，造成结果部位外移（图5-1），结果母枝距离主干远，下面老枝多，养分运输不通畅，生长势减弱。葡萄树上老枝多新枝少，在老枝的翘皮、裂缝里有大量越冬的病菌和害虫，第二年气候如果适宜，病虫害就会很严重。我国南方葡萄的各个产区，由于夏季温度高、湿度大，枝条容易徒长，花芽分化节位高，连年采用长梢修剪，为了保证产量，不进行回缩和疏枝的修剪方法，保留枝条过多，所有的结果母枝都绑缚在架面上，造成保留老枝过多，像"一捆柴"绑在架面上。连年长梢修剪轻剪的葡萄园，下部出现光秃现象，结果部位外移，造成新梢细弱，果穗和果粒变小，产量及品质下降。也有的葡萄种植者采用极短梢修剪，每年只留1～2个芽，连续多年以后形成"疙瘩状"（图5-2），"伤疤"增多，影响养分的运输。目前我国大多数葡萄园的冬季修剪，要么采用长梢修剪，要么采用短梢修剪，很少采用长、中、短梢混合修剪的方法。

图5-1　结果部位外移严重

图5-2　疙瘩状

第二节　获得高效益的整形修剪方法

一、选择与架式相配套的树形

北方葡萄栽培区需要进行埋土防寒，采用的架式多为篱架，为方便埋土，防寒树形采用规则扇形或水平形整形。南方葡萄栽培区湿度大，为了提高葡萄园的通风透光度，采用T（单干双臂水平形）形整形或H形整形。篱架栽培选择树形结构简单的单干单臂水平形树形，倾斜式棚架采用龙干形树形。

二、主要树形的整形修剪方法

1. 无主干多主蔓扇形树形

该树形又称自由扇形树形，其特点是无粗硬的主干，而是在地面上分生出2~3条主蔓，每条主蔓上又分生1~2条侧蔓，在主蔓、侧蔓上直接着生结果枝组和结果母枝，上述这些枝蔓在架面上呈扇形分布。

定植当年苗木萌发后，选出2~3个粗壮枝，培养主蔓。主蔓数不足时，选1个粗壮新梢留3~4片叶摘心，促其萌发副梢，选其中2个壮枝培养补充主蔓。当主蔓长到1米左右时，留0.8~1米摘心，促进加粗和充实。其上副梢除顶端1~2个延长生长外，其余副梢均留1片叶反复摘心。顶端的延长梢留5~6片叶摘心，其上副梢均留1片叶摘心，并抠除副梢上的腋芽，防止再生。冬剪时按枝蔓成熟度和粗度决定剪留长度，成熟蔓粗度达1厘米以上时，一般蔓长0.8~1米，留饱满芽剪截。

第二年春季主蔓萌发后，首先将主蔓基部50厘米的芽抹掉，再在主蔓顶端选留1个粗壮的新梢，去掉花序，培养延长枝；其次在主蔓两侧的新梢按间隔20~25厘米，选较粗壮的新梢培养结果母枝，其中粗壮的枝可留1个花序，中庸枝不留，以调节结果母枝间长势，使其均衡；再次在夏剪时，主蔓延长枝的摘心应按树形要求进行，一般延长到第3~4道铁丝后，长约1米进行摘心。结果枝在花序上留5~6片叶摘心，其他培养结果母枝的新梢，在达到2~3道铁丝以上时摘心。

【小知识】

副梢管理时的注意事项

① 在花序下的副梢要及早从基部抹除。

② 新梢摘心后顶端的副梢留5~6片叶摘心，第二次副梢留1片叶摘心，并抠除腋芽，以防止再抽副梢。

③ 新梢中部的副梢多留1片叶摘心，并抠除腋芽，防止再生。

冬剪时，主蔓延长梢要按枝条粗度和成熟度决定留枝长短，一般延长梢粗度达0.8厘米以上时留0.8~1米，留饱满芽剪截。其余作为结果母枝的新梢按树形要求剪截，如果空间较大，可长留作侧蔓；如空间较小，要采用中、短梢剪留，作为结果母枝。

第三年春季，通过抹芽、定枝，在主蔓、侧蔓上选好延长枝，继续培养树形。粗壮结果枝留1~2个花序，中庸枝留1个花序，弱枝不留，以抑强助弱，调节全树长势均衡，立体结果。夏季管理与第二年相同。3年生树树形培养基本完成，以后每年主要进行结果枝组的更新修剪。

2. 水平形树形

在单臂篱架上，当年定植的苗木培养1个粗壮的新梢作为主蔓，直立引绑在架面上，若株距为2～2.5米，则当年留1.2～1.5米摘心，促进主蔓加粗生长。副梢管理时，主蔓顶端1～2个副梢长放，在8月中旬摘心。在地面上方50厘米的副梢从基部抹掉，中部的副梢留1片叶反复摘心，并将副梢上的腋芽抠掉。冬剪时，在茎粗0.8厘米左右处留1～1.2米，选留饱满芽剪截，并剪除全部副梢，即完成单臂主蔓的培养任务。

第二年春季上架时，将主蔓顺着行向统一弯曲引绑在第一道铁丝上，形成单臂单层水平型树形。通过抹芽、定枝，在主蔓单臂上每隔25厘米左右选留1个向上生长的新梢，培养结果母枝，引绑在第2～3道铁丝上。在主蔓顶端选1个粗壮新梢培养延长枝，达到株间距时摘心。在结果母枝中，粗壮的新梢可留1个花序结果，全株留2～4个果穗即可，多余的花序疏掉，以便集中营养，培养树形的骨架。当新梢长到40～60厘米时，引绑在第3～4道铁丝上，并进行摘心。副梢处理均留1片叶，反复摘心即可。冬剪时，主蔓延长梢视株间距剪留，一般经2年完成单臂主蔓的培养任务，其上培养2～3个结果母枝，冬剪时，结果母枝留3～5个芽短截。

第三年春季，将主蔓引绑在第一道铁丝上，萌芽后，在结果母枝上选留大而扁的主芽，将其副芽和不定芽抹掉，当新梢抽出15～20厘米、可识别花序时，每个结果母枝选留2～3个有花序的新梢作为结果新枝，无花序的作为营养枝，每个结果母枝上留1～2个结果枝，1个预备枝（即靠近主蔓的营养枝）。当全株花序数按负载量平均够用时，将预备枝上的花序疏掉，以促进预备枝粗壮，为下年的结果母枝打好基础。冬剪时，延长枝按结果母枝留7～8个芽剪截，对结果母枝上的结果枝和预备枝各留3～5个芽短截，作为新的结果母枝，与老结果母枝形成结果枝组。

第四年管理与第三年相同，以后每年主要是调整结果枝组。

3. 单干四臂水平形

第一年，以株距1米栽植葡萄苗木。要求植株当年培养4条主蔓。当新梢长到15～20厘米时，选留长势好的1条蔓。当蔓高50厘米时，对新梢摘心，促其顶端发出副梢。当植株长到70厘米长时摘心，即4条

主蔓。当这4条主蔓长到150厘米左右时，进行摘心，促其增粗。对所发出的副梢留1片叶摘心。冬季修剪时，根据已形成主蔓的粗度进行修剪，剪口直径为0.8~1.0厘米。对长势好、特别长的枝蔓，剪口直径可以放宽，较细枝蔓的剪口直径可放至0.7厘米。水平部分枝蔓长度为40~50厘米，即以绑缚在底层铁丝上时，两株的蔓相互交接为宜。修剪后，绑缚的第一道铁丝上，呈类似“H”字形（图5-3）。

第二年以后，根据品种来决定结果枝的距离。藤稔葡萄及多数欧美种葡萄植株，每隔50厘米留1个结果枝，主干附近留4个枝，留5~7个芽进行中梢修剪；无核白鸡心葡萄植株，每隔30厘米左右留1个结果枝，主干附近留6~7个结果枝，进行留7~9个芽的中梢修剪。夏季将结果枝分别绑缚到上部的铁丝上，呈“V”字形。

4. 单干双臂水平形（T形）

第一年，以株距1米栽植葡萄苗木。要求植株当年培养2条主蔓。当新梢长到15~20厘米时，选留长势好的1条蔓。当蔓高50厘米时，对新梢摘心，促其顶端发出副梢。当这2条主蔓长到150厘米左右时，进行摘心，促其增粗。对所发出的副梢留1片叶摘心。冬季修剪时，根据已形成主蔓的粗度进行修剪，剪口直径为0.8~1.0厘米。对长势好、特别长的枝蔓，剪口直径可以放宽，较细枝蔓的剪口直径可放至0.7厘米。水平部分枝蔓长度为40~50厘米，即以绑缚在底层铁丝上时，两株的蔓相互交接为宜。修剪后，绑缚的第一道铁丝上呈“T”字形（图5-4）。

图5-3 单干四臂水平形

图5-4 单干双臂水平形

5. H 形整形

H 形树形是日本近年在水平连棚架上推出的最新葡萄树形，一般适合平底葡萄园。该树形整形规范，新梢密度容易控制，修剪简单，易于掌握；结果部位整齐，果穗基本呈直线排列，利于果穗和新梢管理。定植苗当年要求选留 1 个强壮新梢作为主干，长度达 2.5 米以上，否则培育不出第一亚干，需第二年继续培养。主干高度基本与架高相等，在到达架面时，培养左右相对称的第一、第二亚干，亚干总长度为 1.8～2.0 米，然后从亚干前端各分出前后 2 条主蔓，共 4 条主蔓，与主干、亚干组成树体骨架，构成 H 形。冬季修剪时，作为骨干枝的各级延长枝根据整形需要和树势强弱剪截，要求剪口直径达到 1 厘米以上，以加速整形；结果母枝一般留 2～3 个芽短截，遇到光秃部位可适当增加结果母枝留芽量，以补足空缺（图 5-5）。

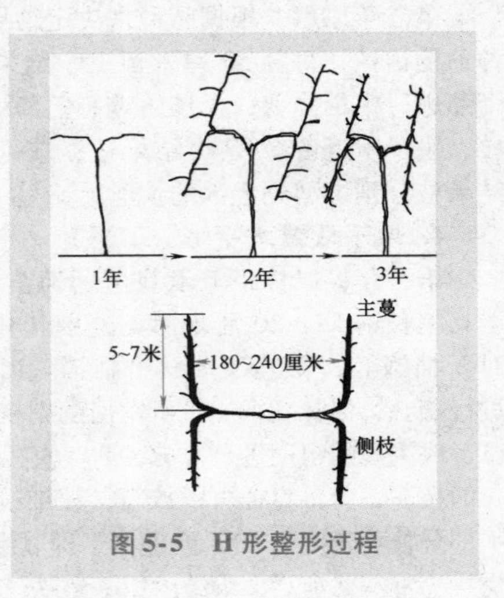

图 5-5　H 形整形过程

三、冬季修剪技术要点

1. 冬季修剪的基本技法

（1）短截

1）短截的定义。短截就是将 1 年生枝剪去一段，留下一段的剪枝方法。短截可分为极短梢修剪（留 1 个芽）、短梢修剪（留 2～3 个芽）（图 5-6）、中梢修剪（留 4～6 个芽）（图 5-7）、长梢修剪（留 7～11 个芽）和极长梢修剪（留 12 个芽以上）。

2）短截的作用。

① 减少结果母枝上过多的芽眼，对剩下的芽眼有促进生长的作用。

② 把优质芽眼留在合适部位，从而萌发出优良的结果枝或更新发育枝。

③ 根据整形和结果需要，可以调整新梢密度和结果部位。

3）短截的方式。短截是葡萄冬季修剪的最主要手法，所以根据短截的轻重可将修剪分为短梢修剪、中梢修剪及长梢修剪等不同修剪方式，它们各有优缺点。

图5-6 短梢修剪

图5-7 中梢修剪

① 长梢修剪的优点。a. 能使一些基芽结实力差的品种获得丰收。b. 对于一些果穗小的酿酒品种，比较容易实现高产。c. 可使结果部位分布面较广，特别适合宽顶单篱架。d. 结合疏花疏果，长梢修剪可以防止一些易形成小青粒、果穗松散的品种获得优质高产。

② 长梢修剪的缺点。a. 对那些短梢修剪即可丰产的品种，若采用长梢修剪易造成结果过多。b. 较结果部位容易出现外移。c. 母枝选留要求严格，因为每个长梢将负担很多产量，稍有不慎，会造成较大的损失。

【提示】

短梢修剪与长梢修剪在某些地方的表现正好相反。在某一果园究竟采用什么修剪方式，取决于生产管理水平、栽培方式和栽培目的等多方面因素。

(2) 疏剪 把整个枝蔓（包括1年生和多年生枝蔓）从基部剪除的方法称为疏剪，其主要作用如下。

1）疏去过密枝，改善光照条件和营养物质的分配。

2）疏去老弱枝，留下新壮枝，以保持生长优势。

3）疏去过强的徒长枝，留下中庸健壮枝，以均衡树势。

4）疏去病虫枝，防止病虫害的危害和蔓延（图5-8、图5-9）。

图 5-8　疏枝前

图 5-9　疏枝后

(3) 缩剪　把 2 年以上生的枝蔓剪去一段留一段的剪枝方法称为缩剪，其主要作用如下。

1）更新树势，剪去前一段老枝，留下后面新枝，使其处于优势部位。

2）防止结果部位扩大和外移。

3）具有疏密枝、改善光照的作用，如缩剪大枝还有均衡树势的作用（图 5-10、图 5-11）。

图 5-10　回缩前

图 5-11　回缩后

以上3种基本修剪方法，以短截方法应用最多。

2. 枝蔓的更新

（1）结果母枝的更新 结果母枝更新的目的在于避免结果部位逐年上升外移和造成下部光秃，修剪手法如下。

1）双枝更新。结果母枝按所需要长度剪截，将其下面邻近的成熟新梢留2个芽短截，作为预备枝。预备枝在第二年冬季修剪时，上一枝留作新的结果母枝，下一枝再进行极短截，使其形成新的预备枝；原结果母枝于当年冬剪时被缩剪掉，以后逐年采用这种方法依次进行。双枝更新要注意预备枝和结果母枝的选留，结果母枝一定要选留那些发育健壮充实的枝条，而预备枝应处于结果母枝下部，以免结果部位外移（图5-12）。

2）单枝更新。冬季修剪时不留预备枝，只留结果母枝。第二年萌芽后，选择下部良好的新梢，培养为结果母枝，冬季修剪时仅剪留枝条的下部。单枝更新的母枝剪留不能过长，一般应采用短梢修剪，不使结果部位外移。

图5-12 双枝更新

（2）多年生枝蔓的更新 经过年年修剪，多年生枝蔓上的“疙瘩”“伤疤”增多，影响输导组织的畅通。另外，对于过分轻剪的葡萄园，下部出现光秃，结果部位外移，造成新梢细弱、果穗果粒变小、产量及品质下降。遇到这种情况时就需对一些大的主蔓或侧枝进行更新。

1）大更新。凡是从基部除去主蔓进行更新的称为大更新。在大更新以前，必须积极培养从地面发出的萌蘖或从主蔓基部发出的新枝，使其成为新蔓，当新蔓足以代替老蔓时，即可将老蔓除去（图5-13、图5-14）。

2）小更新。对侧蔓的更新称为小更新。一般在肥水管理差的情况下，侧蔓4~6年需要更新1次，一般采用回缩修剪的方法。

图5-13　更新前

图5-14　更新后

3. 结果母枝的修剪量

结果母枝的修剪长短按每株负载量确定，葡萄当前要求每亩每年以结果1500千克为标准。如小棚架按每亩栽133株（株行距为5米×1米）计算，平均每株要生产浆果11.28千克，即每株5.2米的棚架架面上，每平方米留5~6个结果母枝，按每株有25个结果母枝计算，平均每个结果母枝留1~2个结果枝，负载量为0.45千克，就达到产量指标。所以，结果母枝以短梢修剪为主，配合中梢修剪。如在单篱架上，每亩栽111株（株行距为2米×3米），按每亩产量1500千克计算，每株负载结果量为13.5千克。而篱架高2米，株距2米，每株有架面4米^2，每平方米架面上平均有结果母枝6~7个，全株有24~28个结果母枝，结果母枝的修剪应以短梢留芽为主，配合中梢修剪。每个结果母枝负载0.5千克左右的产量。

由上可知，每个结果母枝负载量为0.5千克左右，若每个结果母枝冬剪时的留芽量平均为5~7个，定枝时选留其中1~2个为结果枝和2~3个营养枝（靠近主蔓的1个为预备枝），就能够达到优质、稳产、高效的目的。

4. 冬季修剪的步骤及注意事项

（1）修剪步骤　葡萄冬季修剪步骤可用四字诀概括为：“看”“疏”“截”“查”，具体表现如下。

1）看，即修剪前的调查分析。要看品种，看树形，看架式，看树势，看与邻株之间的关系，以便初步确定植株的负载能力，大体确定修剪量的标准。

2）疏，指疏去病虫枝、细弱枝、枯枝、过密枝、需局部更新的衰弱主侧蔓以及无利用价值的萌蘖枝。

3）截，根据修剪量标准，确定适当的母枝留量，对 1 年生枝进行短截。

4）查，修剪后，检查一下是否有漏剪、错剪，叫作复查补剪。

总之，“看”是前提，做到心中有数，防止无目的动手就剪；“疏”是纲领，应根据看的结果疏出个轮廓；“截”是加工，决定每个枝条的留芽量；“查”是查错补漏，是结尾。

（2）修剪注意事项 在修剪操作中，应当注意以下事项。

1）剪截 1 年生枝时，剪口宜高出枝条节部 3～4 厘米，剪口向芽的对面略倾，以保证剪口芽正常萌发和生长。在节间较短的情况下，剪口可放至上部芽眼上。

2）疏枝时剪、锯口剪得不要太靠近母枝，以免伤口向里干枯而影响母枝养分的输导。

3）去除老蔓时，锯口应削平，以利于愈合。不同年份的修剪伤口，尽量留在主蔓的同一侧，避免造成对口伤。

第六章
葡萄生长期的高效益管理

第一节　葡萄生长期管理存在的问题

一、抹芽中存在的问题

1. 抹芽时间过迟

对于新发展的葡萄种植地区或园区，尤其是新发展的大型葡萄园，面积大、规模大、葡萄园工作人员少，特别是熟练的工作人员太少，抹芽工作开始的时间太迟，或者是开始抹芽并不迟，只是因为面积太大而忙不过来，新梢长到4~5片叶时才进行抹芽工作。这个时候新梢已经很长，叶片也很大了，抹芽既浪费了大量的贮藏养分，又因为养分的竞争影响葡萄花序的发育和后期新梢的生长。花序发育不好，在开花期就会影响坐果率，对当年的产量造成影响。

2. 抹芽时间过早

种植面积较小的家庭型葡萄园，或者是工作人员充足的较大型葡萄园，抹芽工作开始的时间可能过早，虽然节约了大量的贮藏养分，但养分多反而刺激副芽和隐芽大量萌发，不得不进行多次抹芽工作，增加了工作量。抹芽早虽然能避免贮藏养分的浪费，使得留下的新梢能获得更多的贮藏养分，但新梢长得快且较旺，叶片也大，后期树势旺盛，反而影响坐果率，叶片互相遮光，使得架面通风透光不良，容易发生病虫害。

二、新梢管理中存在的问题

1. 新梢保留的多

目前我国大多数的葡萄园的生产，仍然是以高产量来维持效益，并不是以高品质来创造效益。为了提高产量而不得不保留较多的新梢，但新梢保留过多，架面郁闭，通风透光不良，容易引发病虫害和着色不良。有时候为了产量，保留萌芽较晚的新梢，新梢的生长发育不良，新梢只有部分成熟，另一部分不成熟，到了冬季容易冻死变黑（彩图37、彩图38）。

2. 新梢绑缚不规则

在容易发生冻害的地区种植欧亚种品种，因为发生冻害，萌芽不整齐，有的地方萌芽少，有的地方萌芽多。萌芽多的地方新梢也多，萌芽少的地方新梢也少，有的葡萄种植者图省事，没有对发出的新梢进行均匀绑缚，只是哪里发出就绑哪里。萌芽多的地方因为新梢多造成架面郁闭，而萌芽少的地方因为新梢少而形成空缺。

三、副梢管理中存在的问题

1. 副梢保留太少

有的葡萄种植者为了图省事，几乎不保留副梢，在高温强光时容易发生日烧，特别是果皮较薄的品种，日烧特别严重，甚至会造成当年绝收。在着色时因叶面积不够，叶果比太小，没有足够的养分供应而影响着色，可溶性固形物含量一直上不去，酸味和涩味退不了，推迟成熟。

2. 副梢保留过多

种植面积较大的大型葡萄园，由于工作人员少，副梢处理得不细致，有的是忙不过来，使得保留的副梢较多。副梢保留得多，架面郁闭，通风透光不良，葡萄园内的空气湿度大，容易引发多种病害。特别是雨水较多的年份，容易发生霜霉病大流行，造成叶片大量的早期脱落，使得新梢成熟度不够，冬季容易冻死，在果实成熟前落叶，导致品质下降、成熟期推迟。

四、花序和果穗管理中存在的问题

1. 不进行花序整形

不进行花序整形工作，保留的花蕾数多，花蕾之间互相竞争养分；导致花蕾发育不良，在开花期坐果率低。特别是巨峰系的品种在自然坐果时，坐果率低，果穗稀稀拉拉不成形，并且大小粒现象非常严重。

2. 不疏果

坐果后尤其是进行保果时，不进行疏果，果穗过大，着色期不着色或着色不均匀，有的因为果穗超大而根本长不熟，有的果穗从中间的内部向外开始烂。这种现象在有色品种上表现得非常明显，如夏黑葡萄，若不疏果，会出现着色差甚至不着色，变成“夏红”或“夏青”。

五、埋土防寒存在的问题

主要是埋土防寒与不埋土防寒交界的地区，种植抗冻性较差的欧亚种或遇到极寒冷的冬季，不进行埋土防寒就会发生冻害。

第二节　获得高效益的管理方法

一、葡萄萌芽到开花的管理

从萌芽（彩图39）到开花这一段时期，主要是以枝条生长为主，也叫营养生长期。这个时期枝条生长所利用的养分，主要是根系和树体所贮藏的养分。如何有效地利用贮藏养分，保证枝条生长一致，促进花序的分化，是这一段时期管理工作的重点。

1. 本期的特点及管理工作

（1）生理特点　这个时期根系已经开始活动，树体内的压力特别大，树液会从伤口流出，称为伤流（图6-1）。

这个时期的新梢生长和树体活动所需的养分，开始时主要依靠树体内上一年贮藏的养分。它支配着从萌芽、展叶直到新梢生长的一切活动。

图6-1　伤流

另一方面，新梢不断长大，叶片增加到3～4片以后，新叶即开始制造养分（碳水化合物）。随着新制造的养分增多，原来完全由贮藏养分承担的支配新梢生长和树体营养的任务，逐渐由新养分代替。

（2）树的形态特点　萌芽后，随着新梢的生长，各节逐渐展开新叶。到开花时，1个新梢的叶数一般为12～15片。

花序随着新梢的生长而生长发育，到开花时已完全形成。春季的萌芽、展叶和新梢的前期生长，在早春开始的时间越早越好，而且越整齐越好。

（3）管理工作　这个时期的管理工作主要是抹芽、新梢的绑缚。有的还需要铺草、摘心、叶面喷肥、防治病虫害等。

2. 生长发育诊断

（1）发芽要齐 发芽的整齐度，会对后期新梢的生长发育造成很大差异。对开花前的受精、坐果和果穗的整齐与否，以及以后果实的发育都会产生很大的影响（图6-2）。

（2）新梢的生长状况 树体内，特别是新梢体内的营养状况如何，根据其生长状况，即可判断出来。有的新梢在展叶后马上开始生长，过了7月中旬仍然不停止生长的，就是徒长，1年内能长到3米多长。相反，有的在开花期或更早时期就停止生长，这是极端衰弱枝条。

图6-2 新梢生长整齐

（3）花序的发育过程 葡萄的花芽花序是在上一年的6月上旬分化的，约需1年的时间才能发育完成。葡萄的花芽为混合芽，在同一个芽中花序和新梢同时存在。夏季的新梢，在为第二年做准备的同时还要为当年养育一个大果穗。葡萄的花芽是在分化发育过程中停止下来越冬、而到第二年的春季再加速发育完成的。

（4）冻害 冻害一般在初春萌芽、展叶前后就能看出来。受害严重的主枝、侧枝、主干发生裂口（彩图40），裂缝很大，有的一直裂到树干的内部，这种情况在萌芽前就能看出来。还有的虽然裂缝不大，但到了即将萌芽时，因根部吸水，根压增大，有树液由裂口流出来，也易发生冻害。这些都是重病，会造成地上部全部枯死。

3. 具体管理工作

（1）抹芽是管理的重点

1）抹芽的效果。抹芽能调节新梢的长势和架面的透明度，是决定产量和果实品质的一项重要作业。抹芽见效很快，抹芽后3天就能看出留下的新梢生长加快。

2）抹芽的时间。第一次抹芽的时间，应在萌芽初期进行，此次的抹芽主要将主干、主蔓基部的萌芽和决定不留新梢部位的芽，以及三生芽、双生芽中的副芽抹去，注意留大芽、壮芽（图6-3、图6-4）。

图 6-3 抹芽前

图 6-4 抹芽后

第二次抹芽的时间，应在第一次之后 10 天左右进行，对萌芽较晚的弱芽、无生长空间的夹枝芽、靠近结果母枝基部的瘦弱芽、部位不当的不定芽（图 6-5、图 6-6）等根据空间的大小和需枝的情况进行抹芽。

图 6-5 不定芽抹芽前

图 6-6 不定芽抹芽后

（2）新梢的绑缚 新梢长到 20 ~ 25 厘米时，卷须就要开始攀缠，风大时新梢也容易被刮坏，会给后期的生长发育和管理工作带来许多麻烦。所以要尽可能早地把新梢配置引缚好（图 6-7），引缚时应注意以下几点。

1）要充分利用架面。

2）叶与叶不要重叠，尽可能增大叶面积指数。

3）引缚的同时要把果穗的位置处理好。

4）要做到尽量省工。

5）新梢之间按品种不同保留一定的距离。

图 6-7　新梢绑缚

（3）结果枝的摘心

【目的】　通过开花前的摘心可以暂时抑制顶端生长，使营养较多地进入花序，促进花序发育，增加坐果从而减少落花落果。

【时期与方法】　一般在开花前 3 ~ 5 天进行。每个新梢在花序上留 7 ~ 8 片叶摘心，强梢可以适当多留几片叶，弱梢可以少留叶片。摘心的程度可以根据顶端叶片的大小来确定。通常摘去 1/3 ~ 1/2 正常叶片大小的幼叶和嫩梢，如果摘心时间过晚，去掉的叶片要相对多一些，同时摘心的程度要重一些（图 6-8、图 6-9）。

（4）防治病虫害　在萌芽至开花这一段时期，是各种病虫害的初发期，要根据田间实际病虫害的发生种类及时用药防治。对各种病虫害的发生特点、规律及治疗药剂不再详细介绍，建议采用机械打药（图 6-10）。

图 6-8　新梢摘心前

图 6-9　新梢摘心后

图 6-10　机械打药

【提示】

抹芽时要掌握以下几个原则：留花不留空、留下不留上、留后不留前、留稀不留密。新梢绑缚时，叶片较小的品种新梢之间的距离为15～20厘米，叶片较大的品种新梢之间的距离为20～25厘米。

二、葡萄开花坐果期的管理

开花坐果期是指从开花到稳定结实后的这一段时期。在葡萄生长发育过程中，这一段时间非常短，大多数品种在10～20天。虽然时间很短，但是对于葡萄生产来说却是关键时期，如果这一段时期葡萄能够顺利度过、稳定结实，那么从一定程度上可以说当年的生产已经成功了80%。因此，从这一点可以看出这一时期的重要性。

1. 本期的生理特点

开花坐果期正是第二年的花芽分化期，新梢生长可达全年总生长量的1/2～3/4。一般生长量是全年中最高的，同时也是发根（细根）、生长最活跃的时期。新梢的生长和根系的发育，依靠贮藏养分的比率逐渐减少，靠新制造的养分比率逐渐增大。

2. 生长特点

花序在开花前10天左右开始加快发育，开花时仍继续发育增大。1个花序中的花从开始到全部谢花需要7～11天，第3～5天能开70%～80%，即盛花期。开花期前后，新根的数量和长度的增长开始加快。

3. 具体管理技术

（1）疏穗　在开花前按照1个枝条只留1个果穗的原则进行疏穗。

（2）花序整形　花序整形是葡萄生产中的一项重要技术措施，具有以下作用：一是提高坐果率，二是使穗形整齐，三是减少后期的疏果用工。现将常用的几种方法介绍如下。

1）花序整形时间。花序整形的最佳时间是在花序先端的支梗开始分离到花序进入初花期，在这一段时间都可以进行花序整形（图6-11）。

图6-11　可整形的花序

【提示】

在花序先端支梗分离前进行花序整形，时间过早，开花后穗形容易絮乱。在开花后进行花序整形，整形过晚，浪费营养，降低坐果率。

2）花序整形方法。

① 留中间支梗。

【整形方法】 首先剪去副穗，然后剪去上边比较大的几个支梗，最后剪去穗尖（图6-12、图6-13），只保留中间支梗。

图6-12 花序整形前

图6-13 花序整形后

【适用品种】 这种整形方法适合巨峰系品种有核栽培。

② 留穗尖。

【整形方法】 剪去上部支梗，只保留5厘米左右的穗尖（图6-14、图6-15）。

【适用品种】 这种整形方法适合巨峰系品种无核栽培。

③ 留副穗。

【整形方法】 直接剪去主穗保留副穗（图6-16、图6-17）。

【适用品种】 这种整形方法适合花序大并且坐果率高的欧亚品种，特别是副穗长得非常好的情况。

（3）利用生长抑制剂增加坐果 在葡萄开花前叶面喷施助壮素500毫克/千克，可以控制新梢的生长，促进坐果。

图 6-14　花序整形前

图 6-15　花序整形后

图 6-16　花序整形前

图 6-17　花序整形后

（4）补充硼肥　硼在葡萄体内可以促进花粉粒的萌发，使花粉管迅速进入子房，有利于授粉受精和果实的形成。在开花前、花期可以连续叶面喷施硼肥，常喷施 0.1%～0.3% 硼砂或硼酸溶液。

（5）药剂保果及膨大果实　对于夏黑等无核品种需要进行保果的，在盛花期用 25 毫克/千克的赤霉素浸蘸花序，过 10 天后再用 50 毫克/千克的赤霉素进行膨大。对于巨峰、巨玫瑰等品种，为了防止落果过多，可在幼果期用 25 毫克/千克的赤霉素进行保果。

【提示】

开花期是决定葡萄产量的最关键时期，一定要采用各种方法促进坐果。每个葡萄园的生长情况各不相同，上述的方法，一定要灵活运用，千万不要生搬硬套。要充分了解所种植的葡萄品种特性，了解本期新梢的生长情况，采用合适的方法促进坐果。

三、葡萄果实生长期的管理

葡萄果实生长期是指稳定坐果后到果实成熟的这一段时期。在这一段时期的初期阶段，大多数品种的果肉细胞仍进行着旺盛的分裂活动。果肉细胞的多少是决定果实大小的重要因素，通常果肉细胞数越多，并且细胞能正常膨大，则收获的果实越大。

1. 本期的生理特点

在这期间树体内还存有上一年贮藏的养分，能帮助树的生长发育。同时叶片制造的碳水化合物和根吸收的养分，所制造的新养分也在逐渐增多。这些新制造的养分对根系生长、新梢生长、果实生长、枝干增粗等，都起着很大的作用。这个时期正处于雨季，任何土壤水分都很充足，极有利于根系吸收养分和水分。

【注意】

这个时期容易发生缺素症状，要及时补充元素。雨后骤晴时，如果根系吸收的水分供应不上，就会发生日烧。

2. 本期生长特点

果穗从受精开始，便加速进行细胞分裂。初期的果粒生长，主要依靠细胞分裂。但细胞分裂只能持续到开花后10～15天，以后果粒的增大主要靠细胞的增大。硬核期过后，果粒得到充足的水分，果粒变软开始着色。着色必需的光照强度和糖的浓度因品种而异，着色的快慢和着色好坏因品种和栽培条件不同而异。在果粒膨大的前半期，新梢的生长一般都比较旺，如果遇到旱季新梢的生长就要转弱。到了这个时期，新梢的年总生长量已经长足。根系的生长在谢花后，与果粒的增大同时进行。新根的发生最旺时期，与果粒增大的最快时期是一致的。

3. 具体管理技术

（1）疏果粒 疏果粒是将每一穗的果粒调整到一定要求的一项工

作。其目的在于促使果粒大小均匀、整齐、美观，果穗松紧适中，防止落粒，便于贮运，以提高其商品价值。对大多数品种在结实稳定后越早进行疏果粒越好，增大果粒的效果也越明显。但对于树势过强且落花落果严重的品种，疏果粒时期可适当推后。所有的品种通常要求在盛花后30～50天完成这一项工作。

疏果粒有两种方法，一是用剪子在果粒密的部分一粒一粒的疏，二是把结4～6粒的小穗疏掉。一粒一粒疏能使粒的间隔合理，果穗外观整齐，是最好的做法，但费工太多，经营上划不来。疏去带3～4粒的小穗，时间一晚，就有损果穗的外观。早疏则对外观无影响，工作时间也短（图6-18、图6-19）。

图6-18　疏果粒前

图6-19　疏果粒后

（2）套袋　果穗套袋后，由于果袋的保护作用，避免了农药与果面的直接接触，可有效降低农药在果实上的残留；也减少了果实病害防治所需要的农药使用次数，降低防治病害的成本；此外，套袋还有减轻鸟害的效果。

白色木浆纸袋透光性较好，适合大多数品种使用（图6-20）。黄色木浆纸袋透光率较低，适合黄绿色品种或我国西部等地区因光照过于强烈、着色过重的红色品种使用。

图6-20　葡萄套袋

以防治果穗病害为目的时，应及早进行套袋。套袋前为了防止果穗在袋内染病，可用15%苯醚甲环唑1000倍液处理果穗，待药液干后立即进行套袋。套袋前，将有扎丝的一端袋口浸入水中，使纸湿润软化，便于操作。

【提示】

套袋时重要的一个环节是将上口扎紧，防止雨水从此处流入袋内而感染病害。

（3）处理副梢 副梢是葡萄植株的重要组成部分。副梢管理的目的就是要保证叶幕层合理，有足够的叶面积，增加光合作用强的新叶片面积，充分利用光能，提高光合作用，使之既能增加树体营养，又能够通风透光，从而提高果实品质。在摘心节位只保留1个副梢，其他的副梢全部抹除，留下的副梢上再发出的副梢也全部抹除，副梢长到12片叶左右时进行摘心。

（4）浇水施肥 在葡萄果实套袋后，立即施1次肥、浇1次水，以促进果粒膨大。本次施肥以三元复合肥为主，每亩使用20千克左右。

【提示】

疏果时为了提高疏果效率，先疏去病虫危害的果粒，再疏去果顶朝内生长的果粒和小果粒，然后疏去过密的果粒。可以采用疏果粒与疏支梗相结合的方法。

四、葡萄采收后的管理

这一段时期指的就是从采收后至落叶期，也可以说就是从采收至冬季修剪的一段时间。因为有些大型葡萄园，特别是需要进行埋土防寒栽培的地区，在葡萄刚落叶时就要进行冬季修剪。此时管理的好坏直接影响养分的贮藏，影响到枝条的木质化程度。枝条的木质化程度对树体的整个抗冻性有着直接的影响，木质化程度高，抗冻性就高，反之则低。而养分的贮藏对第二年的萌芽、新梢生长、花芽分化及花序的发育有着直接影响。所以说这个时期既是当年生长的结束，又是第二年生长的开始，如果管理不善，将对第二年的生长、产量等有直接的影响。

1. 本期的生理特点

在这个时期，随着气温的降低，新梢的生长逐渐减弱，直至停止生长。原来用于果实生长发育的养分，因为果实的采收，转而被输送到根系、新梢、老枝蔓里用以充实树体和积蓄起来。因而从营养方面来说，这是当年生长发育的终点，是充实树体积蓄养分的时期，也可以说是第二年的起点。

由此看来，在葡萄采收后，叶片对葡萄树体内的养分尤其是对碳水化合物的积蓄有着极为重要的作用。所以在这个时期，要防止病虫害、杂草、大风等引起的落叶。

2. 生长特点

（1）新梢的生长发育 到了这个时期，新梢应该基本停止生长，或者完全停止生长。如果继续生长就会浪费养分，影响枝条的木质化程度，致使新梢的成熟度不足，在冬季容易发生冻害，致使枝条死亡或推迟萌芽。

（2）花芽的发长发育 在这个时期，在新梢的腋芽中能分化出花序和小穗，在此之后由于温度的降低，花芽的分化将停止，待第二年气温升高才继续分化。

（3）根系的发长发育 这个时期新梢基本停止生长，地温在15℃以上，根系进入第二次生长高峰。根系大量发出须根特别是吸收根，能大量吸收养分，是肥料利用率最高的时期。

3. 具体管理技术

（1）新梢的管理 在采收后对没有停止生长的新梢及时进行摘心，并剪除新发出的副梢（图6-21、图6-22）。对出现叶片发黄、基部叶片早落等脱肥现象的葡萄园，可以对叶面喷施多种元素的叶面肥进行补肥，以恢复叶片的功能。

图6-21　新梢整理前　　图6-22　新梢整理后

（2）治理杂草 若夏季雨水比往年充足，杂草生长旺盛，影响通风透光，则在这个时期应该集中力量治理杂草（图6-23、图6-24）。如果杂草治理不善，会与葡萄争夺养分，也会形成郁闭，影响葡萄行间通风，加重病害的发生。

图6-23　杂草治理前　　图6-24　杂草治理后

（3）防治病害 如果雨水充足，叶片病害就发生严重，尤其是霜霉病和黑痘病发生严重，如果不进行防治就会引起早期落叶，新梢不木质化、不成熟，冬季就容易发生冻害冻死枝条。另外早期落叶，造成养分积蓄不足，影响第二年的萌芽、新梢生长、花芽分化等。对黑痘病（彩图41）在发病初期喷施10%苯醚甲环唑800倍液，对霜霉病（彩图42）在发病初期喷施80%必备500倍液，能达到防治效果。

（4）秋施基肥 在这个时期气温尚高，根系进入第二次生长高峰，可以挖沟秋施基肥，提高肥料的利用率。这个时期施肥以有机肥为主，可以使用鸡粪、猪粪、羊粪等，并配合适量的三元复合肥。如果是大型葡萄园，没有粪源，也可以使用生物有机肥。另外，根据夏季的生长情况，适量补充微量元素（图6-25、图6-26）。

【提示】

在这个时期应注意防止因病虫害和干旱等原因造成的叶片早期脱落，影响养分的贮藏量，这是此期管理的重点。另外也要防止副梢继续生长，避免养分浪费；若继续生长，新梢由于成熟度不足而在冬季容易冻死。

图 6-25　挖沟前

图 6-26　挖沟后

五、葡萄休眠期的管理

葡萄休眠期指的是葡萄从落叶后到萌芽期的这一段时期。此时葡萄已经完全停止生长，地上部看不到任何生长状态，随着温度的降低，葡萄逐渐进入休眠状态。同时这时期也是对当年的生产进行总结的时期，针对当年生产中存在的问题，第二年采取可有效的防治措施，减少损失，保证丰收。

1. 本期的特点及田间工作

(1) 生理特点　这个时期因为葡萄已经落叶，生长发育全部停止(图 6-27)。在果实采收前后，叶片制造的糖和蛋白质被贮藏起来，特别是糖以淀粉的形态贮藏。在这个时期随着温度的降低，贮藏的淀粉逐渐转化成蔗糖和葡萄糖，寒冷的时间越长，转化的越多，葡萄的抗寒性越强。这种变化只在受低温侵袭的地上部进行，根部却很少有变化。在休眠期，根系

图 6-27　新梢静止不长

仍能从土壤中吸收养分，虽然数量极少，但是基本上是全年不停。

（2）树体的形态特点　从春季长到秋季的新梢，到这个时期已经有70%或100%木质化，形成能耐寒的体质。落叶后根系仍继续生长，地温降到12℃以下时便不再发出新根，原有的根系也停止生长。枝条内的花序暂时停止分化。

（3）田间工作　这个时期的管理工作，主要是修剪，其次是土壤管理和施肥。然后是埋土防寒地区的埋土工作，以及刮除老翘皮和虫卵，并浇灌封冻水。

2. 生育诊断

（1）总结经验教训，确定今后的方针　对新梢生长在200厘米以上，副梢多、徒长的树，要采取控制新梢生长的措施。新梢生长在130~200厘米，采取与上一年一样的管理措施。新梢生长在100厘米以内，采取扶持枝条生长的措施。

（2）新梢的成熟情况　新梢的成熟程度要看两个方面，一是从外表看木质化的程度，二是从内部组织看是否充实。

3. 具体田间工作

（1）冬季修剪　冬季修剪是这个时期的主要工作，下面主要介绍冬季的修剪方法及优缺点，对树形不再进行介绍。

1）短梢修剪的优缺点。短梢修剪是指对1年生枝条修剪后只保留1~4个芽的修剪方法（图6-28~图6-30）。

图6-28　枝条短梢修剪前

图6-29　枝条短梢修剪后

① 优点。整形修剪方法简单，易懂好学；对新梢的管理和结果量的调节比较容易；树形不容易乱。

② 缺点。在各个生育阶段不易进行树势的调整；可栽培的品种有限；树势旺盛容易发生冻害；枝组干枯无力，树的寿命短。

图 6-30　短梢修剪后的葡萄树

③ 田间应用。对于生长势弱的树或品种可以应用短梢修剪；巨峰系品种进行无核化栽培时，为了提高无核率也可以采用短梢修剪。

2）中长梢修剪的优缺点。中长梢修剪是中梢修剪和长梢修剪的合称，中梢修剪留芽 5～8 个，长梢修剪留芽 9 个以上（图 6-31）。

图 6-31　中长梢修剪后的葡萄树

① 中长梢修剪的优点。可以随时调节树势；可以选用充实饱满的芽；枝组的结果寿命长。

② 中长梢修剪的缺点。修剪需要熟练的技术，费工；枝条之间互相竞争，容易出现强弱不均，拘泥于树形，易陷于重剪。

③ 田间应用。对生长旺盛的品种或树体，可以采用中长梢修剪；对于成熟节位高的品种，也可以采用中长梢修剪。

（2）冬季清园

1）清理枝条。在冬季修剪后立即清理葡萄园内所有剪下的枝条，尤其是受到病虫危害的枝条。

2）刮除老翘皮。在枝条清理之后，可以刮除老翘皮。之所以刮除

老翘皮，是因为有些病虫害在老翘皮下面越冬（图6-32）。

3）消灭葡萄架材上的虫卵。有些虫会把卵产在葡萄架上，如斑衣蜡蝉（图6-33）。

图6-32　刮除老翘皮

图6-33　刮除架材上的虫卵

（3）浇封冻水　修剪清园后在土壤上冻前，立即浇1次透水，可提高葡萄树的抗寒性。

（4）埋土防寒　我国北方葡萄栽培区的大多数地区需要进行埋土防寒，在冬季修剪后应立即进行埋土防寒（图6-34）。

六、葡萄不同生长时期的树相标准

1. 休眠期

这个时期叶片已经落了，对上一年新梢生长的怎样、各枝条的平衡关系如何、树体的大小是否合适等，可以进行综合观察，从而能够知道树的健康状态究竟怎样。

（1）1年生枝　盛花后70天的新梢长度（从顶端向下第2～3节处长出的新梢）以60～120厘米为宜，但最好为100厘米左右，200厘米以上的为徒长，50厘米以下的为过度衰弱。

1）健全枝条的状态是稍粗而节间紧凑，各节呈折曲状，即所谓闪电形（图6-35）。表面为带白色的褐色，很光滑。横断面为圆形，髓小（彩图43），木质部带青绿色，厚而且硬。从纵断面看，节壁宽，髓小。芽大而饱满。

2）徒长的枝条，能长到200厘米以上，节间粗而长，不折曲。芽小，似有陷在里面的感觉。表面灰暗，横断面圆扁、髓大，纵断面节壁窄、髓大。这样的枝条不适合作为结果母枝，但如果确实没有别的结果母枝时，修剪必须相当轻。

图 6-34　葡萄埋土防寒　　　图 6-35　闪电形枝条

【提示】

形成徒长的原因是密植、重剪、氮肥过多等。

50 厘米以下的新梢占比较高时，表明树势太弱。这种树的枝条成熟差、枯梢多。即使不枯梢，木质部也软，髓大，整个枝条瘦弱，不适合作为结果母枝，但有的也可重剪留短些，充作预备枝等。

【提示】

树冠扩展过大、根系不旺、缺氮，结果过量等是树势衰弱的原因。

（2）树干的大小与树干粗细　葡萄的树冠扩展快而旺，但无限度的扩展，根的扩展跟不上，也会引起树势衰弱。在这种情况下，树干相对较细，就可以知道地上部与地下部失去平衡。树干也必须有一定的粗度，随着树冠的扩展，树冠的横断面积除以树冠所占的面积，得出的值在 0.5～1.0 的范围内，可以作为成年树的标准。

2. 发芽期

发芽起步的快慢，在一定程度上可以推测出这一年的收成如何。

（1）树液的流动　树液流动的时期会因树体条件不同而变化，树体各部位之间也会产生差异。健壮的树树液开始流动的时期早，树体基部和树冠的梢部树液几乎同时开始流动。但是受冻害的枝条内部发生障碍时，基部虽有树液流出，却很不容易流到枝叶各部位，有时竟能推迟5天以上。这是冻害最典型的症状。

（2）发芽　观察发芽的好坏，是以发芽的早晚、整齐的程度、发芽率等为依据。健壮树的充实枝条，发芽早而且整齐。一直到基部，发芽率能达80%以上。与此对照，徒长树发芽晚，即使梢部发芽，基部的芽多不萌发，很不整齐。衰弱的树，即使发芽也长不旺。这些现象与贮藏营养的多少有直接关系。因为在这个时期还完全没有能进行光合作用的叶片，发芽所需的养分，只能利用枝干和根系原来贮藏的养分。

3. 花期前后

因为这个时期正值利用贮藏养分刚开始向新产生养分转变，所以是非常重要的时期。这时观察的重点应放在新梢的生长状态、叶片的大小与色泽、花序的发育及开花状态等方面。

（1）新梢的长度与叶片的大小　贮藏养分多的健壮树，发芽后新梢生长良好，叶数能很快够用。新梢的粗度与长度相适应，节间也短。由于健壮树能顺利地确保足够的叶数，可顺利地转向依靠新产生的养分。进入开花期即由新产生的养分接续供应。当葡萄花稀稀拉拉开始开放的时候，新梢的生长便开始稳定下来。

贮藏养分不足的强旺树，初始的生长发育虽然缓慢，但在开花前生长得很快。

健壮的树，叶的状态以厚实、不过分大、颜色也不太浓的为好。从结果母枝梢头算起，第二、第三个新梢的第七节左右叶的大小，大体上以110～130平方厘米为宜，比这再大的不太好。

（2）花序的状态　贮藏养分多的健壮树，副穗发达，整个花序大。树体不充实的树，花序不仅少，而且发育得也差，副穗也有呈卷须状的。

4. 果粒增大期

落花以后到硬核期之间，是提高果实品质、产量的重要时期，必须尽早保有足够的叶数，并使其充分发挥作用。

健壮树新梢的状态，是盛花后50天，85%的新梢能及时停止生长。这一点非常重要。

5. 着色期到成熟期

到了这个时期，新梢应基本停止生长，叶片产生的养分应全部向果实里输送。如果新梢还在继续生长，就得不到预期的生产效果。

6. 落叶期

进入 10 月，叶片的绿色逐渐变浅，健壮树的健康叶片逐渐变成美丽的黄色，到了 11 月，基本能同时脱落。如果是这样，就说明枝条已经把叶片中的养分有效的回收了，枝条的成熟率达到 65% 以上。

第七章 葡萄病虫害的发生与防治

第一节 葡萄病虫害防治中存在的问题

一、缺乏葡萄病虫害预测预报技术

在葡萄生产中各级农业、植保技术单位，没有根据病虫害越冬基数和天气情况，及时进行病虫害危害预测。没有预测病虫害发生趋势，就不能及时发布病虫害发生的大致时间，葡萄种植者就不能提前做好防治病虫害的工作。在病虫害已经发生后才进行防治，既对葡萄产量造成一定的影响，又因错过防治的最佳时间不得不多次喷药，增加了防治成本。没有病虫害的预测预报，多数葡萄种植者只能盲目进行打药，不分时期，无论有没有病虫害发生，见到别人打药自己也跟着打药，“打放心药”“打跟风药”“打保险药”，到最后病虫害还是没有防治好，既浪费了大量的农药，无故增加成本，又造成果实和环境的污染。

二、分辨不清具体的葡萄病虫害

葡萄病虫害可以分为病理性病害、虫害、生理性病害 3 种，具体的病虫害种类高达上百种，常见的也有几十种。葡萄种植者有时候很难分清具体的病虫害，尤其是刚刚入行的种植者，往往连病害和虫害都分不清。在实际的生产中，葡萄种植者分不清绿盲蝽的危害和黑痘病的危害，把绿盲蝽的危害症状当成黑痘病进行防治；认识不到毛毡病到底是病害还是虫害，把毛毡病当成病害来防治（其实毛毡病是一种害虫为害）；葡萄新梢上的营养珠和虫卵分不清，误认为新梢上的营养珠是虫卵（彩图 44）；缺钾症状和叶片白腐病分不清；水罐子病和白腐病分不清。正常的葡萄生长发育现象与病害分不清，误认为开花前花蕾上出现的黄褐色斑点是灰霉病（彩图45）。

三、不能对葡萄的病虫害做到对症用药

分不清病理性病害、虫害、生理病害，就不知道该用杀菌剂、杀虫剂还是喷施肥料。认识不清病害，或者不知道引发病害的菌源，就不知道该用什么杀菌剂进行防治。比如，葡萄霜霉病属于鞭毛菌亚门，只能用霜霉威、烯酰吗啉等进行防治，用多菌灵进行防治就无效。再比如，葡萄上的螨类虫害，用吡虫啉进行防治就没有效果。毛毡病是虫害引起的，如果用杀菌剂进行防治就没有效果。葡萄叶片“黄化”“发红”等现象，大多数情况下是由缺素引起的，需要根据具体症状，使用不同的营养元素来解决，喷洒杀菌剂、杀虫剂就没有效果。

四、缺乏葡萄园病虫害综合防治的理念

1）我国大多数葡萄园在防治病虫害时，都是在病虫害已经发生了，才进行叶面喷药，从而出现“头疼医头、脚疼医脚”的现象。

2）没有根据病虫害的发生发展规律，没有在病虫害发生前做好预防工作，没有在葡萄生长的不同时期进行综合防治。

3）防治方法单一，以化学药剂防治为主，多次进行叶面打药，没有采用物理防治、生物防治、农业防治等多种防治方法相结合。

4）单以农药防治为主，从不进行冬季修剪后的刮除老翘皮工作，也不进行清园工作，葡萄园内残存大量越冬的病虫源；在生长季节也不清理发生病虫害为害的叶片、枝条、果实等，造成二次甚至多次侵染发生。

第二节　获得高效益的病虫害防治方法

一、葡萄园主要病害及防治

1. 葡萄白腐病

【分布与危害】　葡萄白腐病又称腐烂病、水烂、穗烂，是葡萄生长期引起果实腐烂的主要病害，我国葡萄主要产区均有发生，一般年份果实损失率在15%～30%；病害流行年份损失率可达60%以上，甚至绝产。

【症状】　白腐病主要危害果穗，也可危害新梢、叶片等部位。

1）果穗感病。一般发生在接近地面的果穗尖端，首先在小果梗或穗轴上发生浅褐色、水渍状、不规则病斑，逐渐蔓延至整个果粒。果粒发病，首先是基部变浅褐色软腐，然后整个果粒迅速变褐腐烂，果面密布灰白色小粒点（即病菌的分生孢子器）。严重发病时常全穗腐烂，果梗穗轴干枯缢缩，受震动时病果甚至病穗极易脱落（彩图46）。有时病果不落，常失水干缩成有棱角的僵果，悬挂在树上，长久不落。

2）新梢发病。往往出现在受损伤部位，如摘心部位或机械伤口处。植株基部发出的徒长枝，因组织幼嫩，极易造成伤口，发病率也高。病斑初呈水渍状、浅褐色、不规则，并具有深褐色的边缘腐烂斑。病斑纵横扩展，以纵向扩展较快，逐渐发展成暗褐色、凹陷、不规则的大斑，表面密生灰白色小粒点。病斑环绕枝蔓一周时，其上部枝叶由黄变褐，逐渐枯死。病斑发展后期，病皮呈丝状纵裂，与木质部分离，如乱麻状（彩图47）。

3）叶片发病。多从叶尖、叶缘开始，初呈水渍状褐色、近圆形或不规则斑点，逐渐扩大成具有环纹的大斑（彩图48），上面也着生灰白色小粒点，但以叶背、叶脉两边为多。病斑发展末期常常干枯破裂。

【病原及发生规律】 常见的无性世代属半知菌亚门、白腐盾壳霉菌属。分生孢子器为球形或扁球形，灰白色至褐色，并有孔口。分生孢子梗单胞、无色，着生在分生孢子器底部的丘状组织上；分生孢子单胞、椭圆形或瓜子形，初无色，成熟时呈褐色，大小为（8.9～13.2）微米×（6～8）微米。

病原菌以分生孢子器及菌丝体在病组织中越冬，散落在土壤中的病残体是第二年初侵染的主要来源。分生孢子靠风雨、昆虫传播，雨水把带有分生孢子的土壤颗粒飞溅到果穗和接近地面的新梢上侵染发病。一般在6月中下旬开始发病，7月下旬和8月上旬为发病盛期。夏季高温多雨易造成病害流行。地势低洼、排水不良、管理粗放的果园发病严重。白腐病源自弱寄生菌，主要由伤口侵入，如田间操作的机械伤、虫咬伤，以及风害、雹害造成的伤口和叶片的气孔等，都是病菌侵入的门户。

【综合防治】

1）合理施肥，多施有机肥，增强树势，提高树体抗病力。

2）提高结果部位，50厘米以下不留果穗，减少病菌侵染的机会。

3）合理确定负载量，新梢间距不得小于10厘米，通风透光良好。

4）及时摘心、绑蔓和中耕除草。注意果园排水，降低田间湿度。在葡萄生长季节勤检查，及时剪除病果病蔓；冬季修剪后，把病残体和枯枝落叶深埋，以减少第二年的侵染源。

5）在发病或分布初期可用78%科博可湿性粉剂500～600倍液喷雾，每隔7～10天喷1次，共喷4～5次。生长季节可喷50%多菌灵、50%甲基托布津或50%福美双800倍液，也可用70%代森锰锌或64%杀毒矾700倍液，都能取得良好的防治效果。为提高药效，雨季可在药液中加入2000倍的皮胶或其他黏着剂。也可用50%福美双1份、硫黄粉1份、碳酸钙1份混匀撒于地面，每公顷用药量为15～30千克。同时要注意雨前喷药、雨后及时补喷，控制该病的发生蔓延。用药时要两种以上药剂交替使用，以减少病虫的抗药性。

2. 葡萄霜霉病

【分布与危害】 葡萄霜霉病是一种世界性的葡萄病害，在我国各葡萄产区均有分布，是我国葡萄的主要病害之一。生长早期发病可使新梢、花穗枯死；中、后期发病可引起早期落叶或大面积枯斑而严重削弱树势，影响第二年的产量。病害引起新梢生长低劣、不充实、易受冻害，导致越冬芽枯死。

【症状】 病菌侵染植株的绿色部分。

1）叶片（彩图42）。病部为油浸状，角形，浅黄色至红褐色，限于叶脉。发病后4～5天，病斑部位反面形成幼嫩密集白色似霜物，这是该病的特征，霜霉病因此得名。病叶是果粒的主要侵染源。严重感染的病叶造成叶片脱落，从而降低果粒可溶性固形物的积累和越冬芽的抗寒力。

2）新梢。上端肥厚、弯曲，由于形成孢子变白色，最后变褐色枯死。如果生长初期侵染，叶柄、卷须、幼嫩花穗也出现同样症状，并最后变褐，干枯脱落。

3）果粒。幼嫩的果粒高度感病，感染后果色变为灰色，表面布满霜霉。果粒长大到直径2厘米时，一般不形成孢子，也就是没有霜霉状物。果粒成熟时较少感病，但感病的果梗可以传染给老果粒，病粒变为褐色，但不形成孢子。白色葡萄品种感病的较大果粒变为暗灰绿色，而红色品种则变为粉红色，感病的果粒保持坚硬，甚至比正常果还硬，但成熟时变软。病粒易脱落，留下干的梗疤。部分穗轴或整个果穗也会脱落。

【病原及发生规律】 由鞭毛菌亚门、单轴霉菌属侵染所致。无性阶段的孢子囊为其繁殖体，有性阶段产生卵孢子。孢囊梗 1~20 枝，成簇从气孔伸出，无色，呈单轴分枝，分枝处呈直角，末端的小梗上着生孢子囊，为无色、单胞、倒卵形或椭圆形，大小为（12~30）微米×（8~18）微米，顶部有乳头状突起，每个孢子囊在水滴中产生 6~8 个具有双鞭毛的游动孢子。

以卵孢子在病叶等病残组织中越冬。第二年在适宜的条件下萌发，产生孢子囊，每个孢子囊萌发产生 6~8 个游动孢子，借雨水飞溅传播，由气孔、水孔侵入寄主组织，经 7~12 天潜育期，又产生孢子囊，进行再侵染。

【综合防治】

1）加强果园管理，及时摘心、绑蔓和中耕除草；冬季修剪后彻底清除病残体。

2）在发病前，每半个月喷 1 次 1∶1∶（160~200）的波尔多液或 80% 必备 300~400 倍液，连喷 4~5 次；或在病斑出现以前，用 68.75% 易保水分散粒剂（保护剂）800~1200 倍液喷雾。生长季可用 64% 杀毒矾可湿性粉剂 700 倍液、72% 霜脲·锰锌可湿性粉剂 600 倍液、69% 安克·锰锌可湿性粉剂 600 倍液。

3. 葡萄炭疽病

【分布与危害】 葡萄炭疽病又名晚腐病，在我国各葡萄产区发生较为普遍。果实受害较重；在南方高温多雨的地区，早春也可引起葡萄花穗腐烂。

【症状】

1）花穗腐烂。葡萄在花穗期极易感染炭疽病。受炭疽病病菌侵染的花穗自花顶端小花开始，顺着花穗轴、小花、小花梗初变为浅褐色湿润状，逐渐变为黑褐色腐烂，有的是整穗腐烂，有时会间有几朵小花不腐烂。腐烂的小花受震动易脱落。空气潮湿时，病花穗上常长出白色菌丝和粉红色黏稠状物，此为病菌的黏质分生孢子团。

2）果实腐烂（彩图 49）。果实受侵染，一般在转色成熟期才陆续表现症状。病斑多见于果实的中下部，初为圆形或不规则形、水渍状的浅褐色或紫色小斑点，以后病斑逐渐扩大，直径可达 8~15 毫米，并转变为黑褐色或黑色，果皮腐烂并明显凹陷，边缘皱缩呈轮纹状。病、健组织交界处有僵硬感。空气潮湿时，病斑上可见到橙红色黏稠状小点，此为病菌的分生孢子团。后期，在粉红色的分生孢子团之间或其周围偶尔可见到灰青色的一些小粒点，此为病菌的有性阶段子囊壳。发病严重时，病斑可扩展至半个以至整个果面，或数个病斑相连引起果实腐烂。腐烂的病果易脱落。

3）果枝、穗轴、叶柄及嫩梢。受侵染后，产生深褐色至黑色的椭圆形或不规则短条状的凹陷病斑。空气潮湿时，病斑上也可见到粉红色的分生孢子团。果梗、穗轴受害严重时，可影响果穗的生长，以至果粒干缩。

4）叶片。多在叶缘部位产生近圆形或长圆形暗褐色病斑，直径为2～3厘米。空气潮湿时，病斑上也可长出粉红色的分生孢子团。

【病原及发生规律】 常见的无性世代属于半知菌亚门、盘长孢菌属，病果上的小黑粒点为分生孢子盘，上面聚生分生孢子梗，顶端着生分生孢子。分生孢子无色、单胞、圆筒形或椭圆形，大小为（10.3～15）微米×(3.3～4.7）微米。

病菌主要以菌丝体在结果母枝和挂在架面的病残体上越冬。第二年5～6月在条件适宜时，带菌蔓上便产生分生孢子，借雨水或昆虫传播。当分生孢子随雨水滴落到果实上，便萌发并侵入引起初次侵染。若传播到新梢、叶片上，病菌萌发侵入后便潜伏在皮层内，表面看不出异常，这种带菌的新梢又将成为第二年的初次侵染源。7～8月高温多雨常导致病害流行。

【综合防治】

1）加强田间管理，使通风透光良好。

2）春季芽萌动后、展叶前后结果母枝喷3波美度石硫合剂或80%必备300～400倍液。发病前或发病初期，用78%科博可湿性粉剂500～600倍液喷雾，每隔7～10天喷1次，共喷4～5次。生长季可用50%多菌灵可湿性粉剂600～700倍液或50%苯菌灵可湿性粉剂1500～1600倍液，重点喷结果母枝。

4. 葡萄黑痘病

【分布与危害】 葡萄黑痘病又名疮痂病，俗称“鸟眼病”，我国各葡萄产区都有分布。在春、夏两季多雨潮湿的地区，发病严重，常造成较大的损失。

【症状】 黑痘病主要危害葡萄的绿色幼嫩部分，如果实、果梗、叶片、叶柄新梢和卷须。

1）叶片。开始出现针头大红褐色至黑褐色斑点，周围有黄色晕圈。后病斑扩大呈圆形或不规则形，中央为灰白色，稍凹陷，边缘为暗褐色或紫色，直径为1～4毫米。干燥时病斑自中央破裂穿孔，但病斑周缘仍能够保持紫褐色的晕圈（彩图41）。

2）叶脉。病斑呈梭形、凹陷、灰色或灰褐色，边缘为褐色。叶脉被害后，由于组织干枯，常使叶片扭曲、皱缩（彩图50）。

3）果穗。发病使全穗或部分小穗发育不良，甚至枯死。果梗患病可使果实干枯脱落或僵化。

4）果实。绿果受害，初为圆形深褐色小斑点，后扩大，直径为2～5毫米，中央凹陷，呈灰白色，外部仍为深褐色，而周缘紫褐色，似“鸟眼状”。多个病斑可连接成大斑，后期病斑硬化或龟裂。病果小而酸，失去食用价值。染病较晚的果粒，仍能长大，病斑凹陷不明显，但果味较酸。病斑限于表皮，不深入果肉。空气潮湿时，病斑上出现乳白色的黏质物，此为病菌的分生孢子团。

5）新梢、蔓、叶柄、卷须。发病时，初现圆形或不规则形褐色小斑点，以后呈灰黑色，边缘为深褐色或紫色，中部凹陷开裂。新梢未木质化以前最易感染，发病严重时，病梢生长停滞，萎缩，甚至枯死。叶柄染病症状与新梢相似。

【病原及发生规律】 由半知菌亚门、痂圆孢属真菌的无性阶段侵染所致。分生孢子盘半埋在寄主组织表皮下，突破表皮长出分生孢子梗及分生孢子；分生孢子梗短，单胞，顶生分生孢子。分生孢子无色、单胞、椭圆形略弯曲，大小为（5～6）微米×（2.5～3.5）微米。有性世代很少见。

主要以菌丝体在病蔓的溃疡斑内越冬。第二年5月产生分生孢子，借风雨传播，孢子萌发后，芽管直接侵入到幼嫩组织内，形成初次侵染；以后病部产生分生孢子，进行多次再侵染。多雨、高湿有利于分生孢子的形成、传播、萌发和侵染，也有利于寄主生长。因此，幼嫩组织先发病。

【综合防治】

1）少施氮肥，适量灌水，防止植株徒长。雨后及时排水，合理修剪，通风透光，及时剪除病果、病梢、病叶，减少菌源。

2）春季芽萌动后展叶前喷3～5波美度石硫合剂。展叶后每隔15天喷1次1∶0.5∶200的波尔多液或80%必备（波尔多液可湿性粉剂）300～400倍液。花前花后共喷2次药且一定要喷均匀。也可用78%科博可湿性粉剂500～600倍液（保护剂），或10%世高水分散粒剂2000～3000倍液，或15%亚胺唑可湿性粉剂3000倍液（治疗剂）。

5. 葡萄白粉病

【分布与危害】 在我国分布较广，以华北、华东、华中等地区受害较重。

【症状】 白粉病可危害叶片、枝梢及果实等部位，而以幼嫩的组织最易感病。

1）叶片。受害叶片的正面产生不规则形大小不等的褪绿或黄色小斑块。病斑正反两面均可见覆有一层白色粉状物，这是病菌的菌丝体、分生孢子和分生孢子梗，严重时白粉状物布满全叶，叶面不平，逐渐卷缩枯萎脱落。有的地区，发病后期在病叶上可见到分散的黑色小粒点，这是病菌的有性世代闭囊壳，多数地区不常见。

2）新梢、果梗及穗轴。受害时，初期产生不规则形斑块并覆有白色粉状物，可使穗轴、果梗变脆，枝梢生长受阻。

3）幼果。受害时，先出现褪绿斑块，果面星芒状花纹，其上覆盖一层白色粉状物，病果停止生长或变畸形，果肉味酸；开始着色以后的果实受害后，除表现相似的症状外，在多雨情况下，病果易发生纵向开裂，易受腐生菌的后继侵染而腐烂（彩图51）。

【病原及发生规律】 由子囊菌亚门、钩丝壳属侵染所致。无性世代为半知菌亚门、粉孢属。该菌的分生孢子成串着生在分生孢子梗上。分生孢子无色，单胞，椭圆形，大小为（16.3～20.9）微米×（28～34.9）微米。闭囊壳球形，基部有10～30根附属丝，有分隔，顶端卷曲。

该病菌以菌丝在枝蔓的组织内越冬，第二年条件适宜时形成分生孢子，借风力传播。孢子萌发后，以吸器侵入寄主表皮细胞内吸取养分而形成褐色的网状花纹，菌丝体在表皮扩展生长营外寄生。闷热天气易流行。栽植过密、氮肥过多、通风透光不良，均易于发病。

【综合防治】

1）加强田间管理和清洁果园。

2）展叶前喷铲除剂。生长期可喷0.2～0.3波美度石硫合剂，或25%粉锈宁可湿性粉剂1000倍液，或12.5%速保利可湿性粉剂3000倍液，或5%安福1500倍液，均可控制该病的发生。

6. 葡萄灰霉病

【分布与危害】 葡萄灰霉病又称灰腐病，国内外普遍发生。我国近几年来发病较重，尤其保护地栽培，灰霉病的发生日趋严重，已成为保护地葡萄生产中的重要病害，也是葡萄贮藏中的主要病害。目前在东北、华中、华南、华东等地区都有发生，沿海和南方多雨潮湿地区，危害十分严重。

【症状】 葡萄灰霉病主要危害花序、幼小果和已成熟的果实，有时也危害新梢、叶片、果梗。

1）花穗及果穗。花穗和刚落花后的小果穗易受侵染，发病初期被害部呈浅褐色水渍状，很快变为暗褐色（彩图52），整个果穗软腐，潮湿时病穗上长出一层鼠灰色的霉层，细看时还可见到极细微的水珠，此为病原菌物分生孢子梗和分生孢子，晴天时腐烂的病穗逐渐失水萎缩、干枯脱落。

2）新梢及叶片。产生浅褐色、不规则形的病斑。病斑有时出现不太明显的轮纹，也长出鼠灰色霉层。

3）果实。成熟果实及果梗被害，果面出现褐色凹陷病斑，很快整个果实软腐，长出鼠灰色霉层（彩图53），果梗变为黑色，不久在病部长出黑色块状菌核。

【病原及发生规律】 葡萄灰霉病是一种真菌病害。病菌以菌丝体、菌核或分生孢子随病残组织在土壤中越冬。第二年春季由菌丝体和菌核产生的分生孢子及越冬后残存的分生孢子，借风雨传播，通过伤口和幼嫩组织皮孔侵入。

葡萄灰霉病1年有2次发病期。第一次发病期在5月中下旬至6月上旬（开花前后），此时若低温多雨，空气湿度大，则造成花序大量被害。第二次发病期是在果实着色至成熟期。如久旱逢雨后，土壤含水量饱和引起裂果，病菌从伤口侵入，导致果粒大量腐烂。果园氮肥过多、枝叶徒长、土壤黏重、排水不良等，均能促进发病。

【综合防治】

1）加强果园管理。注意土壤排水，合理灌水，降低湿度，少施氮肥，防止徒长，控制病菌扩散再侵染。

2）药剂防治。应以花前为主，在花前7天喷1次药，临近开花时再喷1次药，花期停止喷药，花后立刻喷药，以后每10天左右喷1次药，即可控制发病。药剂主要为50%速克灵1500～3000倍液，40%嘧霉胺或50%甲基托布津500~600倍液，或50%灰霜特可强壮粉剂800倍液。

3）消灭病原。在秋季落叶和冬剪时，彻底清扫枯枝病叶，集中烧毁。

7. 穗轴褐枯病

【分布与危害】 葡萄穗轴褐枯病也叫轴枯病，主要分布在东北、山东、河北、河南、湖南、上海、西北等葡萄产区，危害花序和幼果，在病害流行年份，某些品种的病穗率可高达30%~50%，严重影响产量。

【症状】

1）花序与果穗。葡萄花穗的花梗，果穗的果梗、穗轴或果梗感病时产生褐色水渍状斑点，扩展后，果梗或穗轴的一段变褐坏死，不久便失水干枯，变为黑褐色、凹陷的病斑。湿度大时，斑上可见褐色霉层。当病斑环绕穗轴或小分枝穗轴一周时，其上的花蕾或幼果也将萎缩、干枯、脱落（彩图54）。发病严重时，几乎全部花蕾或幼果落光。

2）幼果。幼果感病时，病斑呈黑褐色、圆形斑点，直径为2~3毫米，病变仅限于果皮，随果粒逐渐膨大，病斑结痂脱落，对果实生长影响不大。

【病原及发生规律】 病原菌为半知菌亚门、葡萄链格胞菌。分生孢子梗丛生，不分枝，有时呈屈曲状、褐色。分生孢子单生或串生，呈棍棒状、褐色，大小为（20~47.5）微米×（7.5~17.5）微米，具有1~7个横隔、0~3个纵隔膜，有较长的喙胞。

病菌以分生孢子和菌丝体在结果母枝芽的鳞片及枝蔓表皮内越冬，第二年条件适宜时萌发侵入寄主组织。5月上中旬的低温、多雨有利于病菌的侵染、蔓延。病菌危害幼嫩的花穗、花蕾、穗轴或幼果，引起花蕾、幼果萎缩、干枯，造成大量落花落果。一般减产10%~30%，严重时减产40%以上。南方的梅雨天气，有利于该病的发生蔓延。巨峰易感染该病害，康拜尔、玫瑰露等较抗病。

【综合防治】

1）冬季修剪后，彻底清洁田园，把病残体集中烧毁或深埋。

2）芽萌动后，喷3波美度石硫合剂。

3）发病前或发病初期，用78%科博可湿性粉剂500~600倍液喷雾，每隔7~10天喷1次，共喷4~5次。使用50%多菌灵可湿性粉剂或

75%百菌清可湿性粉剂800倍液，也可控制该病的发展。

8. 葡萄褐斑病

【分布与危害】 葡萄褐斑病在我国各葡萄产区多有发生，以多雨潮湿的沿海和江南各省发病较多，一般干旱地区或少雨年份发病较轻，管理不好的果园在多雨年份后期易大量发病，引起早期落叶，影响树势，造成减产。

【症状】 褐斑病有大褐斑病和小褐斑病两种。

1）大褐斑病主要危害叶片，侵染点发病初期呈浅褐色、不规则的角状斑点，病斑逐渐扩展，直径可达1厘米。病斑由浅褐色变褐色，进而变为赤褐色，周缘为黄绿色，严重时数斑连接成大斑（彩图55），边缘清晰，叶背面周边模糊，后期病部枯死，多雨或湿度大时发生灰褐色霉状物。有些品种病斑带有不明显的轮纹。

2）小褐斑病侵染点发病，出现黄绿色小圆斑点并逐渐扩展为2~3毫米的圆形病斑。病斑部逐渐枯死变为褐色进而为茶褐色（彩图56），后期叶背面病斑生出黑色霉层。

【病原及发生规律】 大褐斑病属半知菌亚门、拟尾胞菌。分生孢子梗细长，暗褐色，有2~6个隔膜，常10~30根集结成束状。单根分生孢子梗大小为（92~225）微米×(2.8~4）微米，顶端着生分生孢子。分生孢子棍棒状，下端略宽，暗褐色，稍弯曲，具有7~10个横膈膜，大小为（23~84）微米×(7~10）微米。小褐斑病为座束梗尾胞菌寄生引起。

大褐斑病病菌分生孢子寿命长，可在枝蔓表面附着越冬，借风雨传播，在高湿条件下萌发，从叶背面气孔侵入，潜育期约20天。北方多在6月开始发病，7~9月为发病盛期，多雨季节可多次侵染，造成大发生。小褐斑病的发生与大褐斑病相似。

【综合防治】

1）彻底清除枯枝落叶减少病原。

2）发芽前喷3~5波美度石硫合剂。

3）发病严重的地区结合其他病害防治，6月可喷1次等量式200倍波尔多液或40%必备可湿性粉剂400倍液，7~9月间可喷10%宝丽安（多抗霉素）可湿性粉剂800倍液，或50%多菌灵可湿性粉剂800倍液，或72%百菌清可湿性粉剂600~800倍液交替使用，每10~15天喷1次。

4）合理施肥，科学整枝，增施多元素复合肥，增强树势，提高抗病力。科学留枝，及时摘心整枝，改善通风透光条件。

9. 葡萄房枯病

【分布与危害】 葡萄房枯病又称葡萄粒枯病和轴枯病。辽宁、河北、河南、山东、安徽、江苏、浙江等省都有分布。该病在一般年份危害不重，但在高温、高湿的环境条件下，如果果园管理不善，树势衰弱时发病较重。

【症状】 在穗轴、果粒和叶等部位发病。

1）穗轴。靠近果粒的部位出现圆形、椭圆形或不正形病斑，呈暗褐色至灰褐色，稍凹陷。部分穗轴干枯（彩图57），果粒生长不良，果面发生皱纹。病原菌从穗轴侵入附近果粒，发生病斑。

2）果粒。果面也感染发病。果粒病斑为暗褐色至紫褐色。穗轴和果粒病斑表面形成稀疏的小黑点，这是病原菌的分生孢子器。病果后期变成僵果，长期残存在植株上。房枯病的病果粒不脱落，这一特征区别于白腐病。

3）叶。发病时出现灰白色、圆形病斑，其上也长分生孢子器。

【病原及发生规律】 无性世代属半知菌亚门、大茎点菌属，无性世代的分生孢子器半埋在寄主表皮下，球形或扁球形，暗褐色，大小为（80～240）微米×（104～320）微米。其内产生分生孢子，呈纺锤形或圆柱形，大小为（5～7）微米×（16～24）微米。有性世代很少发生。

病原菌以分生孢子器在病僵果和病残体上越冬，第二年5～7月释放分生孢子，借风雨传播，进行初次侵染。病菌发育的最适温度为35℃左右。在高温多雨的7～8月，气温在15～35℃时，适于病害的发生，病害流行的最适宜的温度为24～28℃。分生孢子在24～28℃的温度下4小时即能萌发。一般欧亚种葡萄较易感病。

【综合防治】

1）注意果园卫生，秋季要彻底清除病枝、叶、果等，并集中烧毁或深埋。

2）加强果园管理，注意排水，及时剪除副梢，改善通风透光条件，增施肥料，增强植株抵抗力。

3）葡萄落花后开始喷1:0.7:200的波尔多液或80%必备可湿性粉剂400倍液，每半个月喷1次，共喷3～5次。或喷80%敌菌丹可湿性粉

剂 1500 倍液、50% 多菌灵可湿性粉剂 1000 倍液，喷药时应注意使果穗均匀着药。发病严重的地区两次药间隔时间为 10～15 天，发病轻的地区可适当延长，注意交替用药。

10. 葡萄酸腐病

【分布与危害】 近十年葡萄酸腐病在我国逐渐成为重要病害之一，很多人把酸腐病与炭疽病或白腐病相混淆，使用防治炭疽病或白腐病的药剂，不但没有防治效果，照样造成果实的腐烂，而且增加了防治成本。葡萄酸腐病在我国的北京、河北、山东、河南、天津等地普遍发生，有些葡萄园损失非常大，达到 80%。

【症状】 酸腐病是后期病害，基本上是果实成熟期的病害。危害最早的时期，是在封穗期后。有烂果果实腐烂，套袋葡萄在果袋的下方有一片深色湿润区，并且有类似粉红色的小蝇子出现在烂果穗的周围。腐烂的果穗有酸醋味，在烂果内可以见到灰白色的小蛆。腐烂果实流出的汁液引起其他果粒腐烂，腐烂的果实干枯后只剩下果皮和种子（彩图 58）。

【发病条件及发生规律】 首先是有伤口，机械伤（如冰雹、风、蜂鸟等造成的伤口）或病害（如白粉病、裂果等）造成的伤口；第二是果穗周围或果袋内有高湿度；第三是醋蝇的存在。此外，树势衰弱会加重酸腐病的发生和危害。酸腐病是真菌、细菌和醋蝇的联合危害。严格讲，酸腐病不是真正的一次性侵染病害，应属于二次侵染病害。由于伤口的存在，从而成为真菌和细菌存活和繁殖的初始因素，并且引诱醋蝇来产卵。在醋蝇的爬行、产卵过程中传播细菌。种植品种过多的葡萄园，尤其是不同成熟期混合种植的葡萄园，会增加酸腐病的发生。

【综合防治】

1）农业防治。尽量避免在一个葡萄园内种植不同成熟期的品种；加强枝条管理，增加葡萄园的通风透光性；合理使用植物生长调节剂；加强疏果工作，防止果穗过紧挤破果粒；合理灌溉，避免水分供应不均引起裂果。

2）化学药剂防治。在葡萄转色期后，使用 1～3 次 80% 水胆矾石膏可湿性粉剂 400 倍液，每隔 10～15 天喷 1 次，也可以混加 2.5% 高效氯氰菊酯 1000 倍液。

11. 葡萄日烧病

【分布与危害】 在我国各个葡萄产区均有发生，薄皮品种发生的程度超过厚皮的品种。在坐果后的幼果期，遇到骤然高温发生严重。

【症状】 轻微日烧，在果穗肩部的果粒，开始像开水烫过一样，然后逐渐变成褐色，失水皱缩（彩图59）。中度日烧，中上部向阳处的几个支梗上果粒全部失水，变为褐色皱缩（彩图60）。严重日烧，整个果穗穗轴变为褐色，失水干缩（彩图61）。果梗日烧，个别日烧发生在果梗上，果梗变为褐色失水皱缩（彩图62）。

【发生原因】 发生日烧的主要原因，就是高温和强光照。当外界气温达到39℃以上时，果粒表面的温度达40℃左右，很容易发生日烧。果实温度35℃以上达3.5小时后发生日烧，36~37℃ 2个小时后发生日烧，39℃ 1.5小时发生日烧，40℃以上1个小时发生日烧。果皮薄的品种容易发生日烧，果皮厚的品种不容易发生日烧。篱架的西侧容易发生日烧，棚架日烧发生轻。高温干燥时日烧发生严重。

【预防方法】

1）浇水。在幼果期特别是第一次果粒膨大结束到硬核期，这一段时间要密切注意天气变化，如果出现高温干旱时，就要全园浇1次大水。增加土壤湿度和空气湿度，降低温度，减轻日烧。

2）多留枝叶。避免果穗被阳光直射，降低果实表面的温度，减轻或避免日烧。

12. 葡萄裂果

【分布与危害】 葡萄裂果在我国各个葡萄产区均有发生，特别是成熟期雨水过多的年份，裂果现象发生严重。轻则降低果实商品性，重则引起果实腐烂。果皮薄的品种容易发生裂果，果皮厚的品种相对发生轻些，植物生长调节剂使用不当时裂果严重。

【症状】 主要发生在果实近成熟期，在果粒的顶部或果梗处，发生果皮开裂现象（彩图63）。裂果不仅影响果实的外观，而且会导致外源微生物的侵染，发生果实腐烂，严重降低果实的商品价值，重则全园果实腐烂绝收。

【发生原因】 葡萄裂果一般是由于水分吸收不平衡而导致的果皮破裂，其发生的根本原因是葡萄果实在较长时间的干旱条件下突然吸收大量水分，引起果实含水量急剧增加，使果实皮层细胞的体积大幅度增加，而果实表皮细胞膨大较慢，造成果实内外生长失调而形成裂果。另外还有如下因素引起裂果：

1）土壤条件。一般在地势低洼、易板结、排水不良、通透性差、易干易涝的黏土上容易发生；土层厚、土质疏松、通透性好的沙壤土上裂果轻。

2）品种。一般乍娜、里扎马特、香妃、奥古斯特等品种裂果严重，而红地球、京亚、巨峰等品种不容易发生裂果。

3）病害。葡萄果粒感染白粉病后，果皮硬化失去弹性，硬核期后从果顶纵裂。

4）栽培管理。不疏果，果粒间过于紧密，后期因果实膨大而互相挤压造成裂果；树势弱、光照差、通风不良的葡萄园裂果严重。

【预防方法】

1）做好水分管理。要及时排灌，旱季适时灌水，雨季及时排水。

2）改良土壤。增施有机肥料，改良土壤结构，减少水分波动。

3）加强管理。进行疏果工作，重视枝条管理，改良通风透光条件。

4）防治病害。在幼果期防治葡萄白粉病。

13. 葡萄水罐子病

【分布与危害】 水罐子病又叫葡萄转色病、水红粒病，在我国各个葡萄产区均有发生，尤其是产量过高的葡萄园发生严重。

【症状】 主要表现在果穗上，果粒开始成熟后出现症状，有色品种表现着色不正常，果皮暗淡，失去光泽；果肉水分增多，并逐渐变软，皮肉极易分离，成为一包酸水。用手轻压水滴成串外溢，病果完全不能食用。该病多发生在果穗的尖端或副穗上，全穗发病的情况较少。果柄与果粒处易产生离层，病果极易脱落。

【发生原因】 据观察和研究，认为水罐子病发生的原因主要是由于营养供应不足或营养失调所导致的一种生理病害，即由果穗负荷量和叶片制造供应养分之间矛盾所引起。一般树势弱、摘心重、果穗过多、肥水不足时该病发生严重。

【预防方法】

1）加强管理。加强肥水管理，适当增施有机肥及喷施含氮、磷、钾及微量元素的复合叶面肥，特别是在果实开始着色前的第二个生长高峰前追施，对该病的发生预防效果很好。此外及时除草，经常中耕松土，也能减轻该病的发生。

2）控制产量。适当控制产量，增加叶片数，促进养分向果实转移更多。

14. 霜冻害

【症状】 主要是春季的晚霜危害，春季随着气温的上升，葡萄逐渐解除休眠，进入生长期，抗寒力逐渐解除，此时即使短暂的0℃以下温度，也会给幼嫩的组织带来致死的伤害。萌芽期受害嫩芽轻者芽尖干枯，重者萌芽枯死；新梢生长期受害轻者叶片边缘干枯（彩图64），重者花序干枯或新梢整枝死亡，造成当年绝收。

【发生原因】

1）天气晴朗、无风和低温条件下容易出现辐射霜冻。因为有利于地面辐射，减弱空气涡动混合，高层暖空气不致下传。

2）地势低洼、冷空气不易排出；丘陵、山地冷空气积聚谷地，均易发生霜冻。V形谷地较U形谷地受害较轻。

3）由于霜冻是冷空气积聚的结果，所以冷空气易于积聚的地方霜冻重，而在空气流通处霜冻轻。如不透风林带之间积聚冷空气，形成霜穴，使霜冻加重。由于气温逆转现象，越近地面气温越低，所以葡萄下部受害较上部重。

4）土壤干燥而疏松，因其热容量和热导率较小，昼间土壤蓄热和夜间深层升温均少，易出现霜冻。沙土较壤土、黏土霜冻多而重。

【预防方法与冻后管理】

1）霜冻的预防。

① 葡萄园灌水。灌水能增加土壤湿度和空气湿度，增加空气热容量，有利于降低霜冻的危害。根据天气预报，在霜冻前1~2天进行全园灌水。

② 葡萄园喷雾。霜冻来临时在葡萄园喷雾可减轻霜冻。水珠喷洒到葡萄枝条上结冰，放出潜热，水珠结冰过程进行时，还可使冰的温度保持在0℃，从而保护树体免遭霜冻的危害。

③ 延迟定梢。在经常发生霜冻的地区适当定梢，对萌发的新梢选留比计划量多留10%~20%，或适当推迟定梢工作，待气温稳定后再按计划确定留枝量，清除多余的枝蔓。

2）霜冻后的管理。

① 回缩修剪。对轻度或中度受害的新梢，剪除受冻的枝叶，促使剪口下冬芽或夏芽尽快萌发。对重度受冻的新梢，一是回缩到结果母枝上已经萌动未受伤或正在萌动好芽的前一节处；二是如果整个枝蔓上无明

显萌动的芽眼可选，则从基部疏除，促使剪口下结果母枝原芽眼副芽尽快萌发。

② 选留萌蘖。葡萄遭受霜冻后，基部会萌发许多萌蘖。根据葡萄树的实际情况，一般每条主蔓保留 1～2 个萌蘖，多余的疏除。如果植株较大，可适当多留，待长势恢复后，再根据架面进行调整。选留的萌蘖作为预备枝，长到 40 厘米左右时进行摘心。

③ 叶面喷肥。对遭受霜冻危害的葡萄枝蔓及时进行叶面喷肥，选用 0.3% 尿素 +0.3% 磷酸二氢钾溶液喷施叶片背面，每隔 7～10 天喷 1 次，连续喷到 6 月底。

二、葡萄园主要虫害及防治

1. 葡萄透翅蛾

【分布与危害】 葡萄透翅蛾又叫透羽蛾，属鳞翅目透翅蛾科，全国大部分省、自治区均有分布。

主要以幼虫蛀食 1 年生枝蔓，幼虫蛀入枝蔓后，被害部位膨大如肿瘤，内部形成较长的孔道，在蛀孔的周围有堆积的褐色虫粪，树体受害后造成营养输送受阻，叶片枯黄脱落，果实脱落，枝条枯死（彩图 65）。

【形态特征】 成虫体长 18～20 毫米，翅展 30～33 毫米，形似黄蜂。体黑褐色。头顶、颈部、后胸两侧及腹部各环节联络处为橙黄色；前翅为红褐色，后翅半透明，腹部有 3 条黄色横带，以第四腹节的一条最宽。雄虫末端两侧各有 1 束黑毛，触角棒状。卵椭圆形，长约 1.1 毫米，略扁平，上面稍凹，表面有网纹，红褐色。幼虫末龄体长约 38 毫米。头部为红褐色。口器为黑色，胴部为浅黄色，老熟时则带紫红色（彩图 66）。全体疏生细毛。裸蛹，圆筒形，红褐色，体长 18 毫米左右。

【发生规律】 每年发生 1 代，以老熟幼虫在葡萄枝蔓内越冬。第二年 4 月下旬化蛹，蛹期 5～15 天，6 月上旬至 7 月上旬羽化为成虫，成虫将卵产在叶腋、芽的缝隙、叶片及嫩梢上，卵期 7～10 天。刚孵化的幼虫，由新梢叶柄基部蛀入嫩茎内，危害髓部。幼虫蛀入后，在蛀口附近常堆有大量虫粪，在茎内形成长的孔道，使被害部上方的枝条枯死，被害部膨大，表皮变为紫红色。一般幼虫可转移危害 1～2 次。7～8 月间幼虫危害最重，9～10 月间幼虫老熟越冬。

【综合防治】

1）结合冬剪，将被害膨大枝蔓剪掉烧毁，消灭越冬虫源。

2）6~7月间经常检查嫩枝，发现被害枝条及时剪除。

3）在粗枝上发现危害时，可从蛀孔灌入800~1000倍液的80%敌敌畏乳油，或用80%敌敌畏乳油100倍液的棉球将蛀孔堵死，熏杀幼虫。

4）幼虫孵化期，以25%灭幼脲3号2000倍液或20%杀铃脲悬浮剂1000倍液或50%杀螟硫磷乳油1000倍液喷雾2~3次。

2. 葡萄虎蛾

【分布与危害】 葡萄虎蛾又叫葡萄修虎蛾、葡萄虎夜蛾、葡萄黏虫、葡萄狗子等，属鳞翅目虎蛾科，分布于全国各地。

幼虫主要危害葡萄叶片，将叶片啃食成缺刻或孔洞，严重时仅留粗脉或叶柄，有时还咬断幼穗穗轴和果梗。

【形态特征】 成虫体长18~22毫米，翅展44~47毫米，头胸及前翅为紫褐色，触角丝状，复眼为绿褐色，体翅上密生黑色鳞片，前翅中央有肾形纹和环形纹各1个。后翅为橙黄色，外缘为黑色，臀角有1个橘黄色斑，中室有1个黑点。腹部为杏黄色，背面有1列紫棕色毛簇。老熟幼虫体长32~42毫米。头部为黄色，上面有黑点。胸、腹背面为浅绿色，每节有大小不等的黑色斑点，疏生白色长毛。蛹红褐色，体长18~20毫米，尾端齐，左右有突起。卵圆形，直径约1毫米，乳白色。

【发生规律】 华北地区和辽宁省每年发生2代，以蛹在葡萄根部附近土内越冬。第二年5月中旬开始羽化为成虫。6月中下旬幼虫发生，取食嫩叶。7月上中旬化蛹，7月下旬至8月中旬出现当年第一代成虫。8月中旬至9月中旬为第二代幼虫危害期，9月下旬以后幼虫老熟后入土化蛹越冬。幼虫具有白天静伏叶背的习性，受惊扰时常吐黄绿色黏液。成虫白天隐蔽在叶背或杂草丛内，夜间交尾产卵，有趋光性。

【综合防治】

1）在北方埋土防寒地区，于秋末和早春结合葡萄埋土和出土上架，捡拾杀灭越冬蛹。

2）成虫发生期用诱虫灯诱杀，同时结合田间管理，进行人工捕杀幼虫。

3）幼虫发生量大时，可喷25%灭幼脲3号2000倍液、20%杀铃脲悬浮剂1000倍液、BT乳剂500倍液、2.5%敌杀死乳油2000～3000倍液、10%歼灭乳油4000倍液或50%马拉硫磷乳油1000倍液，均有较好的防治效果。

3. 葡萄缺节瘿螨

【分布与危害】 葡萄缺节瘿螨又称葡萄锈壁虱、葡萄毛毡病，属蛛形纲蜱螨目瘿螨科，我国葡萄产区均有分布。

成螨、若螨主要危害葡萄叶部，发生严重时，也危害嫩梢、幼果、卷须、花梗等。叶片受害时，初期叶背呈现苍白色斑，叶组织因受刺激而长出密集的茸毛而呈毛毡状斑块，斑常受较大叶脉所限制，茸毛初为灰白色，渐变为茶褐色以至黑褐色；在叶面出现肿胀而凹凸不平的褪色斑（彩图67），嫩叶面的虫斑多呈浅红色，严重时叶皱缩干枯；花梗、嫩果、嫩茎、卷须受害后生长停滞。

【形态特征】 成螨体长0.15～0.2毫米，宽0.05毫米，雌螨比雄螨略大，浅黄白色或浅灰色，近长圆锥形，腹末渐细。喙向下弯曲，头胸背板呈三角形，有不规则的纵条纹，背瘤紧位于背板后缘，背毛伸向前方或斜向中央。有2对足，爪呈羽状，有5个侧枝。腹部有74～76个暗色环纹，体腹面的侧毛和3对腹毛分别位于第九、第二十六、第四十三环纹和倒数第五环纹处，尾端无刚毛，有1对长尾毛。生殖器位于后半体的前端，其生殖器盖片有许多纵肋，排成二横排。卵球形，直径约0.03毫米，浅黄色。若螨共2龄，浅黄白色。

【发生规律】 1年发生3代，以成螨在芽鳞茸毛内、枝蔓粗皮裂缝等处潜伏越冬，以枝条上部芽鳞内越冬虫口最多，可达数十头至数百头。春季葡萄发芽后越冬虫出蛰危害，迁移到嫩叶的背面皮毛间隙中吸取养分，展叶后又迁移到新的嫩叶上危害。5～6月危害最盛，7～8月高温多雨不利于发育，虫口有下降的趋势。成螨、若螨均在茸毛内取食活动，将卵产在茸毛间，秋季以枝梢先端嫩叶受害最重，秋末渐次爬向成熟枝条芽内越冬。干旱年份发生较重。

【综合防治】

1）防止苗木传播。从病区引苗必须用温汤消毒，先用30～40℃热水浸泡5～7分钟，再用50℃热水浸泡5～7分钟，以杀死潜伏瘿螨。

2）冬季清园，将剪下的枝条、落叶、翘皮等清理出园外烧掉。

3）在春季大部分芽已萌动，芽长在1厘米以下时进行，药剂防治可喷0.3～3波美度石硫合剂、45%晶体石硫合剂300倍液、15%哒螨灵乳油1500倍液、5%霸螨灵乳油1500倍液、10%天王星乳油4000倍液、5%尼索朗乳油2000倍液或48%毒死蜱乳油1500倍液。

4. 葡萄二黄斑叶蝉及斑叶蝉

【分布与危害】 葡萄斑叶蝉及葡萄二黄斑叶蝉属同翅目叶蝉科。分布于全国各地。以成虫、若虫聚集在叶背面吸食汁液，被害处形成针头大小的白色斑点，有时白点连成片，整个叶片失绿、苍白，然后枯萎脱落，影响光合作用、花芽分化和枝条成熟（彩图68）。

【形态特征】 葡萄斑叶蝉又称浮尘子。成虫体长2.9～3.7毫米，浅黄白色，头顶上有2个明显的圆形小黑斑，前胸背板前缘有几个浅褐色小斑点，中央具有暗褐色纵纹。小盾板前缘左右各有1条大的三角形黑斑。翅透明，黄白色，有浅褐色条纹。若虫黄白色，末龄体长2.5毫米。卵黄白色，如肾状，长0.6毫米。

葡萄二黄斑叶蝉又称二星叶蝉、二点浮尘子、小叶蝉。成虫体长3～3.5毫米，头部浅黄白色，复眼黑色，头顶前缘有2个黑色的小圆点，前胸背前缘有3个黑褐色小圆点。前翅表面大部为暗褐色，后缘各有近半圆形的浅黄色区两处，两翅合拢后形成2个近圆形的浅黄色斑纹。若虫末龄体长约1.6毫米，紫红色，触角、足、体节间、背中线均为浅黄白色。体略短宽，腹末数节向上方翘举。

【发生规律】 葡萄斑叶蝉在山东、河南、陕西、浙江等地每年发生3代，辽宁、河北西部每年发生2代。以成虫在葡萄园附近的落叶、杂草、石缝中越冬。第二年春季，越冬成虫先在桃、梨、樱桃、山楂树上危害。葡萄展叶后迁移到葡萄上危害，成虫产卵于叶背面叶脉组织内或茸毛中。5月下旬出现若虫，6月上中旬发生第一代成虫。8月中旬和9～10月间分别为第二代和第三代成虫盛发期，在葡萄整个生长季节均可危害，一直危害至葡萄初落叶时，才寻找合适场所越冬。

葡萄二黄斑叶蝉，在山东每年发生3～4代，以成虫在杂草、枯叶等隐蔽处越冬。第二年3月越冬成虫出蛰，先在园边发芽早的杂草及多种花卉上危害。4月下旬葡萄展叶后迁移到叶背危害。成虫将卵产在叶背叶脉的表皮下，5月中旬即有若虫出现，以后各代重叠。危害特点是，先从新梢基部的老叶开始，逐渐向上蔓延危害，不爱危害嫩叶。末代成虫9～10月发生，一直危害到葡萄落叶，才进入越冬场所隐蔽越冬。枝蔓过密、通风不良时，该虫发生严重。

【综合防治】

1）秋后、春初彻底清扫园内落叶和杂草，集中烧毁，减少越冬虫源。

2）加强田间管理，使架面通风透光条件良好。

3）5月下旬至6月中旬是若虫发生期，喷施25%阿克泰水分散粒剂5000～10000倍液、50%杀螟松乳油1000倍液或2.5%吡虫啉可湿性粉剂1000倍液、20%康福多浓可溶剂6000～8000倍液、50%马拉硫磷乳油1000倍液。根据发生情况，确定喷药防治时间和次数。

5. 斑衣蜡蝉

【分布与危害】 主要分布在我国北方，如陕西、河南、山东、山西、北京等。寄主植物有10余种。在果树中以葡萄受害较重，还食害梨、桃、杏；在树木中最喜食臭椿、苦楝。

成虫若虫刺吸嫩叶、枝干汁液，引起霉污病发生，影响光合作用，降低果品质量。嫩叶受害常造成穿孔，受害严重的叶片常破裂。

【形态特征】 成虫体长15～20毫米，翅展40～56毫米，雄虫较小。复眼黑色向两侧突出。触角3节，红色。前翅革质，基半部浅褐色，有黑斑20余个，端部黑色，脉纹为浅白色。后翅基部1/3为红色，有黑斑7～8个，中部为白色，端部为黑色。体翅常有粉状白蜡。若虫初孵化时白色，不久即变为黑色，体上有许多小白斑（彩图69）。足长，头尖，停立如鸡。4龄若虫体背呈红色，翅芽显露。卵圆柱形，长3毫米，宽2毫米。卵粒平行排列整齐，每块有卵40～50粒，卵块上覆有1层灰色覆盖物（彩图70）。

【发生规律】 1年发生1代，以卵越冬。若虫常聚集葡萄幼茎嫩叶的背面危害，受惊扰即跳跃逃避。蜕皮4次后，成虫于6月下旬出现，若虫期约60天。成虫受惊猛跃飞起，迁移距离1～2米。成虫、若虫都有群集性，弹跳力很强。

【综合防治】

1）压碎卵块，结合冬季修剪和果园管理，将卵块压碎，彻底消灭卵块，效果很好。

2）药剂防治，在若虫或成虫期可喷4.5%高效氯氰菊酯乳油1000～1500倍液或10%吡虫啉可湿性粉剂1000倍液。

3）在建葡萄园时，应尽量远离臭椿、苦楝等杂木林。

6. 葡萄根结线虫

【分布与危害】 葡萄根结线虫在全国各地葡萄产区均有发生。是国内外检疫对象。

【形态特征】 危害葡萄的根结线虫有南方根结线虫、泰晤士根结线虫、爪哇根结线虫和北方根结线虫4种。在我国主要是第一种线虫。这4种线虫生活史基本相同，1龄幼虫在卵里发育并蜕皮1次，形成2龄幼虫，出壳后开始从根尖侵入皮层内，当其头部与维管束组织接触后便停止不动而吸取汁液，被取食的细胞受刺激后，不断分裂形成巨型细胞，其周围的细胞则不断提供养分，供线虫生长发育。线虫在根内经3次蜕皮，最后发育成梨形的白色雌成虫。孤雌生殖，不需雄虫交配，产卵于体后的胶质卵袋中。雄虫呈线形，经4次蜕皮。根结线虫主要以基质中的卵发育的幼虫进行越冬。每年可发生5～10代。

【发生规律】 根结线虫侵染葡萄植株根系后，地上部的茎叶均不表现具诊断特征的症状，但葡萄植株生长衰弱，表现矮小、黄化、萎蔫、果实小等。根结线虫在土壤中呈现斑块型分布；在有线虫存在的地块，植株生长衰弱，在没有线虫或线虫数量极少的地块，葡萄植株生长旺盛。因此，葡萄植株的生长势在田间也表现出块状分布，容易与缺素症、病毒病混淆。根结线虫危害葡萄植株后，引起吸收根和次生根膨大和形成根结。单条线虫危害葡萄植株后可以引起很小的瘤，多条线虫的侵染可以使根结变大。严重侵染可使所有吸收根死亡，影响葡萄根系吸收。线虫还能侵染地下主根的组织。砂壤土发病较重，重茬或前茬花生、番茄、黄瓜易诱发此虫。

【综合防治】

1）严格检疫，种植时采用经过检疫的无线虫的带根苗木。

2）选用抗性砧木，目前在欧洲应用的砧木有SO4、5BB、420A、5C、99R，美国应用的砧木有道格、自由和谐、1616C和SaLtGreeK，抗线虫效果较好。

3）加强耕作，增施有机肥，地膜覆盖，翻晒土壤等可以减少线虫数量。

4）再植处理，对线虫危害严重的葡萄园，应考虑重新栽植，并彻底清除残根。休园3年后，采用抗线虫砧木及无根结线虫苗木建园。

5）药剂防治，35%威百亩水剂、90%～100%棉隆微粒剂及50%、

75%、80%棉隆可湿性粉剂进行防治，施用时应根据实际情况，按药剂说明书使用。

三、葡萄园病虫害综合防治

葡萄病虫害防治认真实行“预防为主、综合防治”的植保方针，以保健栽培、农业防治为基础，结合植物检疫、物理防治、生物防治，按照葡萄果实无公害标准选择农药，有效控制病虫害的发生和危害。要改变重视农药防治、轻视保健栽培的思想；要改变农药使用次数多、用药量多、混配农药多的频繁用药理念；要改变“心态用药、跟风用药”的心理状态。将农药使用次数降下来，将农药使用量降下来。

1. 葡萄休眠期

以农业防治为主，主要工作就是清园和刮除老翘皮。清园就是清除葡萄园内的落叶、杂草、修剪下的枝条及架面上的卷须；刮除老翘皮，就是用钢刷刷除葡萄主干和主蔓上的老皮。病虫害的越冬场所，主要就在上述几个部位，进行清园和刮除老翘皮，就是消灭越冬病虫害源，减轻第二年的发病程度。

2. 萌芽后至开花前

根据天气情况和品种的抗病性，提前喷施广谱性杀菌剂或杀虫剂防治病虫害，或者采用驱虫板、悬挂黑光灯、粘虫纸进行预防。如果已经发生病虫害，要对症选择农药进行防治。在这个时期保护好叶片和花序，不受病虫的危害是防治中的重点。

3. 开花期前后

主要是保证花序不受害，尤其是正在开花时期不受病虫危害，保证坐果率。一定要在开花期，根据天气情况，用 1 次药及时进行防治病虫害，才能保证开花期没有病虫害。此时危害花序的病害主要是霜霉病和灰霉病，虫害主要是绿盲蝽。

4. 坐果后至套袋前

主要是保护幼果不受任何病虫危害，尤其是不受白粉病、霜霉病和绿盲蝽、斑衣蜡蝉的危害，以免造成落果和果面产生斑点。在套袋前用一次广谱性杀菌和杀虫剂处理一次果穗，保证果穗干干净净入袋。

5. 套袋后至成熟期

这段时期保护好叶片不受病虫危害，维持好叶片的光合作用功能，促进葡萄着色和提高葡萄含糖量。此时危害叶片的病害主要就是霜霉病，一定要在霜霉病发病初期连喷 2 ~3 药剂进行防治。

6. 采收后至落叶前

保护叶片维持功能，增加贮藏养分提高葡萄的抗冻性。此时除了浇水施肥维持叶片功能外，就是防治霜霉病和黑痘病引起早期落叶。

第八章
葡萄设施栽培

第一节　葡萄设施栽培中存在的问题

一、葡萄设施面积不切实际，盲目发展

近几年来在地方政府的号召下，再加上某些卖苗者对设施葡萄价格的鼓吹，造成设施葡萄种植面积盲目扩大，少则几十亩至100亩，多则高达上千亩。如河南省鹤壁市一个公司，一次性就建立了1000个大棚进行葡萄种植。在所发展的地区都是新的葡萄种植户，根本不懂葡萄的栽培技术，更别说设施葡萄的栽培技术，造成提早成熟，天数少，着色很差，口感太酸，品质极差，市场售价很低，入不敷出。种植几年后没有收益，种植者失去信心，无心管理，造成葡萄树荒废及设施浪费，最后以刨树毁棚结束。有的设施葡萄种植户自己不懂技术，虽然请了技术人员，但是舍不得用工，面积大，管理不过来，生产的葡萄因品质极差而得不到消费者青睐，售价不理想，几年下来算算一分钱也没有赚到，反而赔了一大笔钱。

二、葡萄设施结构不合理

我国目前的设施葡萄，除了近几年发展的一部分采用新型设施栽培葡萄外，大多数的葡萄设施是由种植蔬菜的设施改造的，尤其是我国北方的葡萄产区。蔬菜棚改造的葡萄设施存在明显的缺陷，建造方位不合理，前屋面角和后坡仰角较小，结构简单，高度较低，内部空间较小，通风透光条件不好，设施结构简单，设计不合理，对光照、温度、湿度等环境的调控能力差，致使果实着色不良，可溶性固形物含量低，果实成熟期推迟。另外，改造的设施的保温材料为草苫，保温性能差，沉重不耐用，并且容易造成棚膜破损。我国南方塑料膜大棚普遍没有安装棚温调控设施，棚温调控费时、费力，牢固度较差，抵抗自然灾害能力低，容易遭受风害、雪害等。

三、葡萄种植过密，架式不当

前几年设施葡萄的市场售价较高，发展较快，种植面积也较大。许多刚入行的葡萄种植户，由于不懂技术，盲目听从苗木销售者鼓吹种植的株数越多早期产量越高，造成种植密度较大，甚至有的 1 亩地种植 1000 株左右，葡萄树还没有张开就已经全棚郁闭。有的套用露地栽培模式，株行距较小，不能进行机械化作业，完全凭人工，操作效率极低。采用露地的架式，结构不科学，新梢和叶片在架面上分布不均匀，架面容易郁闭，通风透光条件不好，极易发生病害。

四、葡萄扣棚时间过早，升温过快

目前，我国的设施葡萄仍以促早栽培为主，有些葡萄种植者为了提早上市，盲目地过早进行扣棚升温。扣棚时间过早，葡萄没有度过自然休眠期，造成萌芽迟、萌芽不整齐等现象。扣棚后升温较快，天气晴朗的时候白天温度超过 30℃，升温又急又快，造成花序分化退化和发育不良，在开花期落花落果现象严重。

五、葡萄枝条、花果管理不到位

设施葡萄市场售价相对较高，许多葡萄种植者舍不得抹芽，保留的枝条过多，造成架面郁闭，通风透光不良、湿度大，在开花期引起灰霉病的发生，造成落花落果。开花期花序整形时，舍不得去掉多余的花序，也不进行花序整形修剪，一味地进行保果，所结的葡萄果穗既多又大，到成熟期不着色，可溶性固形物含量非常低，品质极差，成熟期明显推迟，达不到促早的目的，甚至有些葡萄果穗根本就长不熟。

六、盲目进行水肥管理

设施葡萄的市场售价高，为了获得更高的效益而提高产量，进行大肥大水管理，为了促早成熟和增加产量，盲目进行水肥管理。在开花期浇水、施肥过多，容易造成枝条徒长，新梢生长与花序争夺养分，造成坐果率低，落花落果非常严重，浇水多，设施内的湿度大，灰霉病、霜霉病等病害发生严重。新梢徒长节间过长，影响花芽分化，对第二年的产量有影响；新梢徒长，叶片过大，架面容易郁闭，通风透光条件不好。在成熟期过多地浇水和施肥，一是会推迟葡萄的成熟期，二是会降低葡萄的可溶性固形物含量，品种变差，三是容易引发裂果。

【提示】

① 设施栽培的葡萄树势有逐年衰弱的倾向，叶片和花穗逐年减少，早期落叶，枝条的成熟度差。

② 结果母枝变细，芽体较大。

③ 果粒的膨大程度逐年减小。

第二节 提高设施栽培效益的方法

一、合理规划适度发展

当地政府在发展设施葡萄时，一定要根据市场行情及本地的种植水平合理进行引导，避免出现一次性大规模发展，切忌为了造声势、追求政绩而发展“百棚、千棚”项目。特别是以前没有种植过葡萄的地区，在发展前一定要到有成熟栽培经验的地区，进行充分的参观和考察，然后结合当地的气候条件及自身的经济实力来决定种植面积。没有种过设施葡萄的种植者（或仅种植露地葡萄），可以先小面积进行种植试验，经过2~3年的摸索研究，待自己技术成熟后再扩大种植面积。在摸索设施栽培技术的同时，还要经常去有成熟栽培经验的产区学习交流，不断提高自己的栽培技术水平。千万不要一次性种植面积过大，如果技术、资金、人工跟不上去就会造成管理不善，生产出来的葡萄品种太差，市场售价低。

二、选择结构合理的设施

1. 日光温室

（1）日光温室的建造方位 日光温室的建造方位以东西方向延长、坐北朝南、南偏东或南偏西不超过10度为宜，且不宜与冬季盛行风向垂直。

（2）日光温室高度 在日光温室内光照随高度变化明显，以棚膜为光源点，高度每下降1米，光照度便下降10%~20%。因此，日光温室高度要适宜，并不是越高越好，高度一般以2.8~4.0米为宜（图8-1）。

（3）日光温室跨度 在暖温带的大部分地区建造日光温室，其跨度以8米左右为宜；暖温带的北部地区和中温带南部地区，其跨度以7米左右为宜；在中温带北部地区和寒温带地区，其跨度以6米左右为宜。

（4）日光温室的长度 从便于管理且降低温室单位土地建筑成本和提高空间利用率的角度考虑，日光温室长度一般以60～100米为宜。

（5）日光温室采光屋面角 不同纬度地区的采光屋面角在23.65～39.49度之间。

（6）日光温室采光屋面形状 当温室的长度和跨度决定后，温室采光屋面形状就成为日光温室截获太阳能量多少的决定因素，平面形、椭圆形、圆拱形这三种，以圆拱形采光性能为最佳（图8-2）。

图8-1 日光温室内部

图8-2 日光温室采光屋面

（7）日光温室后坡仰角 后坡仰角是指日光温室后坡面与水平面的夹角，其大小对日光温室的采光性能有一定影响。适宜的后坡仰角以大于当地冬至正午太阳高度角15～20度为宜，可以保证10月上旬至第二年3月上旬之间正午前后，后墙甚至后坡接受直射光蓄积热量。

（8）墙体

1）三层夹心饼式异质复合结构。内层为承重和蓄热放热层，一般为蓄热系数大的砖或石头结构，厚度为24～37厘米，内面为毛面并用黑色涂料涂抹为宜；中间为保温层，一般为空心或添加蛭石、珍珠岩、炉渣、保温苯板，厚度为20～40厘米；外层为承重层或保温层，一般为砖结构，厚度为12～24厘米。

2）两层异质复合结构。内层为承重和蓄热放热层，一般为蓄热系数大的砖或石头结构，厚度要求在24厘米以上，同样内面为毛面并用黑色涂料涂抹为宜，为增加受热面积，提高蓄热放热能力，可添加穹形构造；外层为保温层，一般为堆土结构，堆土最窄处以当地冻土层厚度加

20～40 厘米为宜。

3）单层结构。墙体由土壤堆积而成，墙体最窄处厚度以当地冻土层厚度加 60～80 厘米为宜。郑州地区的设施栽培墙体为砖结构（图 8-3）。

图 8-3 日光温室墙体

（9）后坡

1）三层夹心饼式异质复合结构。内层为承重和蓄热放热层，一般为水泥构件或现浇混凝土构造，厚度以 5～10 厘米为宜，并用黑色涂料涂抹为宜；中间为保温层，一般为炉渣、蛭石、珍珠岩、保温苯板，厚度为 20～40 厘米；外层为防水层或保护层，一般为水泥砂浆构造并做防水处理，厚度以 5 厘米左右为宜。

2）两层异质复合结构。内层为承重和蓄热放热层，一般为水泥构件或混凝土构造，厚度以 5～10 厘米为宜；外层为保温层，一般为秸秆、草苫、芦苇等，厚度以 0.5～0.8 米为宜，外面最好用塑料薄膜包裹，然后再用草泥护坡。

3）单层结构。后坡由玉米秸秆、杂草、草苫、芦苇等堆积而成，厚度一般以 0.8～1.0 米为宜，用塑料薄膜包裹，外层常用草泥护坡。

（10）保温覆盖材料

1）草苫。用稻草、蒲草、芦苇等编织而成，一般宽度为 1.2～2.5 米，长度为采光面的长度再加 1.5～2 米，厚度为 4～7 厘米。覆盖草苫一般可以增加温度 4～7℃，是当前设施栽培常用的覆盖材料。

图 8-4 保温被

2）保温被（图 8-4）。一般由 3～5 层不同材料组成，外层为防水层（塑料膜、无纺布、镀铝反光膜等），中间为保温层（旧棉絮、纤维棉、废羊毛绒、工业毛毡等），内层为防护层（一般为无纺布）。其特点是重量轻、蓄热保温性高于草苫和纸被，一般可增加温度6~8℃，在高寒地区可达10℃，但是造价较高。

3）防寒沟。在日光温室四周设置防寒沟，可以减少温室内热量外传，保持温室内较高的地温。防寒沟要求设置在温室0.5米内，以紧贴墙体基础为宜。防寒沟如果填充保温苯板，厚度以5~10厘米为宜；如果填充秸秆、杂草，厚度以20~40厘米为宜。防寒沟深度以大于当地冻土层20~30厘米为宜。

2. 塑料大棚

（1）塑料大棚建造方位 塑料大棚建造方位以东西方向、南北延长，大棚长边与子午线平行为好（图8-5）。

（2）塑料大棚的高度 在塑料大棚内光照随高度变化明显，塑料大棚高度并不是越高越好，一般以2.5~3.5米为宜。

图8-5 东西方位的塑料大棚

（3）塑料大棚的跨度 塑料大棚跨度和其高度有关，一般地区高跨比（高度/跨度）以0.25~0.3最为适宜，因此其跨度一般以8~12米为宜。

（4）塑料大棚的长度 塑料大棚主要从牢固性方面考虑，其长跨比（长度/跨度）以不小于5为宜，长度一般以40~80米为宜。

（5）塑料大棚的间距 塑料大棚间距一般东西以3米为宜，便于通风透光，但对于冬、春季雪大的地区至少4米以上；南北间距以5米左右为宜。

3. 钢管连栋大棚

（1）连栋大棚（图8-6）的长度、宽度，葡萄行距 单棚宽5.5~6.0米。葡萄行距2.7~3.0米，1个棚内种植2行葡萄，最宽以10连栋为限。

（2）立大棚架柱和架纵向钢管 两棚中间立1行粗钢管，钢管之间距离4米。钢管长2.5米，埋入土中0.7米，畦面上1.8米，钢管顶部一定要水平（图8-7）。钢管顶部纵向架4厘米×8厘米的方钢管，固定在钢管上。

图8-6　连栋大棚

图8-7　中间架柱

（3）架拱形钢管　选用直径在2.2厘米以上、管壁厚度在1.2毫米以上的钢管做拱架，长度为棚宽度的1.15倍左右，棚宽6米则钢管长6.9米左右，棚宽5.5米则钢管长6.3米左右。拱形钢管中心点距畦面3.3米。钢管间距80厘米左右，中间由1条纵向钢管连接。

（4）槽板的安装　棚两边各安装1条槽板，最好选用不锈钢槽板。安装位置：离棚边80厘米处，槽板安装要直。遇到较高温天气将棚膜揭开，通风散热。

（5）棚门的安装　棚两头均装一扇棚门。

三、选择合理的栽培密度及架式

1. 合理密植

篱架栽培，株行距以（0.5～1.0）米×（1.5～2.5）米较佳；棚架栽培，株行距以（2.0～2.5）米×（4.0～4.5）米较佳。

2. 合理的架式及方向

（1）篱架栽培　以南北方向为宜，因为南北方向比东西方向受光较为均匀。在设施内篱架如果采用东西方向，北面全天受不到直射光照射，而南面则全天受到直射光照射，造成篱架南面果穗成熟早、品质好，而北面果穗成熟晚、品质差，甚至有叶片黄化的现象。

（2）**棚架栽培** 以东西方向为宜。与南北方向相比，东西方向棚架栽培叶幕为南北倾斜，光照均匀，光能利用率高，果实品质好，成熟期一致。

四、科学进行温度、湿度、光照、水分的管理

1. 温度的管理

设施栽培为其中生长的葡萄创造了优于露地生长的温度条件，设施内温度调节的适宜与否，严重影响栽培的其他环节，其主要包括气温管理和地温管理。一般认为葡萄设施栽培的气温管理有4个关键时期，分别为休眠解除期、催芽期、开花期和果实生长发育期。设施内地温管理主要是指提高地温，使地温和气温协调一致。葡萄设施栽培，尤其是早熟促成栽培中，设施内地温上升缓慢，气温上升快，地温气温不协调，造成发芽迟缓，花期延长，花序发育不良，严重影响葡萄坐果率和果粒的第一次膨大生长。另外，地温变幅较大，会严重影响根系的活动和功能发挥。

（1）气温管理

1）管理标准。

① 休眠解除期。温度管理适宜与否和休眠解除日期的早晚密切相关，如果温度管理适宜，则休眠解除日期提前，如果温度管理欠妥当，则休眠解除日期延后。管理标准：尽量将温度控制在0～9℃。从扣棚降温开始到休眠解除所需天数因品种不同差异很大，一般为25～60天。

② 催芽期。升温快慢与葡萄花序发育和开花坐果等密切相关，升温过快，导致地温和气温不能协调一致，严重影响葡萄花序发育及开花坐果。管理标准：缓慢升温，使气温和地温协调一致。第一周白天15～20℃，夜间5～10℃；第二周白天15～20℃，夜间7～14℃；第三周至萌芽白天20～25℃，夜间10～15℃。从升温至萌芽一般控制在25～30天。

③ 新梢生长期。日平均温度与葡萄开花早晚及花器发育、花粉萌发和授粉受精及坐果等密切相关。管理标准：白天20～25℃，夜间10～15℃，不低于10℃。从萌芽至开花一般需要40～60天。

④ 花期。低于14℃时影响开花，引起授粉受精不良，子房大量脱落；35℃以上的持续高温会产生严重日烧病。此期温度管理的重点是：避免夜间低温，其次还要注意避免白天高温发生。管理标准：白天22～26℃，夜间15～20℃，不低于14℃。花期一般维持7～15天。

⑤ 果实发育期。温度不低于20℃，积温因素对果实发育速率影响最为明显，如果热量积累缓慢，果实糖分积累及果实成熟过程变慢，果实成熟期推迟。管理标准：白天 25～28℃，夜间 20～22℃，不宜低于20℃。

⑥ 着色成熟期。适宜温度为28～32℃，低于14℃时果实不能正常成熟。昼夜温差对养分积累有很大的影响：温差大时，果实含糖量高，品质好，温差大于10℃以上时，果实含糖量显著提高。管理标准：白天28～32℃，夜间14～16℃，不低于14℃，昼夜温差10℃以上。

2）管理技术。

① 保温技术。优化棚室结构，强化棚室保温设计（日光温室方位为南偏西5～10度，墙体采用异质复合墙体。内墙采用蓄热载热能力强的建材如石头和红砖等，并可采取穹形结构增加内墙面积以增加蓄热面积，同时将内墙涂为黑色以增加墙体的吸热能力；中间层采用保温能力强的建材如泡沫塑料板；外墙为砖墙或土墙等）；选用保温性能良好的保温覆盖材料并正确揭盖、多层覆盖，挖防寒沟，人工加温。

② 降温技术。通风降温，注意通风降温顺序为先放顶风，再放底风，最后打开北墙通风窗进行降温；喷水降温，注意喷水降温必须结合通风降温，防止空气湿度过大；遮阴降温，这种降温方法只能在催芽期使用。

（2）地温管理

1）起垄栽培结合覆盖地膜。该方法切实有效。

2）建造地下火炕或地热管和地热线。该项措施对提高地温最为有效，但成本过高，目前我国应用较少。

3）生物增温器。利用秸秆发酵释放热量提高地温。

4）挖防寒沟。防寒沟如果填充保温苯板，厚度以5～10厘米为宜，如果填充秸秆杂草（最好用塑料薄膜包裹），厚度以20～30厘米为宜；防止温室内土壤热量传导到室外。

【小知识】

促进根系提早活动的技术

① 不降低地温，浇水在晴天的中午实施。

② 设施内湿度过大时，在中午进行通风降湿。

③ 设施内根系容易上浮，一定要在秋季进行土壤改良。

2. 湿度管理

空气湿度也是影响葡萄生育的重要因素之一。相对湿度过高，会使葡萄的蒸腾作用受到抑制，并且不利于根系对矿质元素的吸收和体内养分的输送。持续的高湿度环境容易使葡萄徒长，影响开花结实，并且容易引发多种病害，同时使棚膜上凝结大量水滴，造成透光度下降。而相对湿度持续过低不仅影响葡萄的授粉受精，而且影响葡萄的产量和品质。设施栽培避开了自然雨水，为人工控制土壤及空气湿度创造了条件。

（1）管理标准

1）催芽期。土壤水分和空气湿度不足，不仅延迟葡萄萌芽，还会导致花器发育不良，小型花和畸形花增多。而土壤水分充足和空气湿度适宜，则葡萄萌芽整齐一致，小型花和畸形花减少，花粉生活力提高。管理标准：空气相对湿度要求在90%以上，土壤相对湿度要求为70%~80%。

2）新梢生长期。土壤水分和空气湿度不足，严重影响葡萄新梢正常生长，同时影响花序发育。而土壤水分充足和空气湿度过高，则葡萄新梢生长过旺，并且容易引发多种病害。管理标准：空气相对湿度要求为60%左右，土壤相对湿度要求为70%~80%。

3）花期。土壤和空气湿度过高或过低均不利于开花坐果。土壤湿度过高时，新梢生长过旺，会造成营养生长与生殖生长的竞争，不利于花芽分化和开花坐果，导致坐果率下降，同时树体郁闭，容易导致病害蔓延。土壤湿度过低时，新梢生长缓慢或停长，光合速率下降，严重影响授粉受精和坐果。空气湿度过高时，树体蒸腾作用受阻，影响根系对矿质元素的吸收和利用，并且导致花药开裂慢、花粉散不出去、花粉破裂和病害蔓延。管理标准：空气相对湿度要求为50%左右，土壤相对湿度要求为65%~70%。

4）果实发育期。果实的生长发育与水分的关系也十分密切。在果实快速生长发育期，充足的水分供应，可促进果实细胞分裂和膨大，有利于提高产量。管理标准：空气相对湿度要求为60%~70%，土壤相对湿度要求为70%~80%。

5）着色成熟期。过量的水分供应往往会导致果实晚熟、糖分积累缓慢、含酸量高、着色不良，造成果实品质下降。因此，在果实成熟期适当控制水分的供应，可促进果实的成熟和品质的提高，但控制水分过度也可使果实糖分下降，并影响果粒增大，而且控水越重，果实越小，最终导致减产。管理标准：空气相对湿度要求为50%~60%，土壤相对湿度要求为55%~65%。

（2）管理技术

1）降低空气湿度技术。

① 通风换气。通风换气是经济有效的降温措施，尤其是室外湿度较低的情况下，通风换气可以有效排除室内的水汽，使室内空气湿度显著降低。

② 全园覆盖地膜。土壤表面覆盖地膜可显著减少土壤表面的水分蒸发，有效降低室内空气湿度。

③ 改革灌溉制度。改传统漫灌为膜下滴（微）灌或膜下灌溉。

④ 升温降湿。冬季结合采暖需要进行室内升温，可有效降低室内相对湿度。

⑤ 防止塑料薄膜等透明覆盖材料结露。为避免结露，应采用无滴消雾薄膜或在透明覆盖材料内侧定期喷涂防滴剂，同时在构造上需保证透明覆盖材料内侧的凝结水能够有序流到前底角处。

2）增加空气湿度技术，如喷水增湿。

3）土壤湿度管理技术，主要是控制浇水的次数和每次的灌水量。

3. 光照

葡萄是喜光植物，对光的反应敏感，光照充足时，枝叶生长健壮，树体的生理活动增强，营养状况改善，果实产量和品质提高，色香味增加。光照不足时，枝条变细，节间增长，表现徒长，叶片变黄、变薄，光合效率低，果实着色差或不着色，品质变劣。而光照强度弱时，光照时数短，光照分布不均匀。光质差、紫外线含量低是设施葡萄栽培存在的关键问题，必须采取以下措施改善设施内光质条件。

（1）从设施本身考虑，提高透光率　建造方位适宜、采光结构合理的设施，同时尽量减少遮光骨架材料并采用透光性能好、透光率衰减速度慢的透明覆盖材料［聚乙烯棚膜、聚氯乙烯棚膜和乙烯-乙酸乙烯酯共聚物（EVA）吹塑棚膜3种常用大棚膜，综合性能以EVA为最佳；聚烯烃（PO）膜的透光性能更佳，已开始有所应用］并经常清扫。

（2）从环境角度考虑，延长光照时间，增加光照度，改善光质　正确揭盖草苫和保温被等保温覆盖材料，使用卷帘机等机械设备可以延长光照时间；铺设反光膜或将墙体涂为白色（冬季寒冷的东北、西北等地区考虑到保温要求，墙体不能涂白），以增加反射光；利用补光灯进行人工补光以增加光照度；安装紫外线灯补充紫外线（可有效抑制设施葡萄营养生长，促进生殖生长，促进果实着色和成熟，改善果实品质；注意开启紫外线灯补充紫外线时，操作人员不能入内），采用转光膜改善光质等措施可有效改善棚室内光质条件。

（3）从栽培技术角度考虑，改善光照 植株定植时采用采光效果良好的行向；合理密植，并采用高光效树形和叶幕形；采用高效肥水利用技术可显著改善设施内的光照条件，提高叶片质量，增强叶片光合效能；合理恰当地进行修剪可显著改善植株光照条件，提高植株光合效能。

4. 二氧化碳

设施条件下，由于保温需要，常使葡萄处于密闭环境，通风换气受到限制，造成设施内二氧化碳浓度过低，影响光合作用。研究表明，当设施内二氧化碳浓度达到室外浓度（340 微升/升）的 3 倍时，光合速率提高 2 倍以上，而且在弱光条件下效果明显。而天气晴朗时，从上午 9:00 开始，设施内二氧化碳浓度明显低于设施外，使葡萄处于二氧化碳饥饿状态，因此，二氧化碳施肥技术对于葡萄设施栽培而言非常重要。

（1）二氧化碳施肥技术

1）增施有机肥。在我国目前条件下，补充二氧化碳比较现实的方法是土壤中增施有机肥，而且增施有机肥同时还可改良土壤、培肥地力。

2）施用二氧化碳气肥。由于对土壤和使用方法要求较严格，所以该方法目前应用较少。

3）燃烧法。燃烧煤、焦炭、液化气或天然气等产生二氧化碳，该方法使用不当容易造成一氧化碳中毒。

4）干冰或液态二氧化碳。该方法使用简便，便于控制，费用也较低，适合附近有液态二氧化碳副产品供应的地区使用。

5）合理通风换气。在通风降温的同时，使设施内外二氧化碳的浓度达到平衡。

6）化学反应方法。利用化学反应方法产生二氧化碳，操作简单，价格较低，适合广大农村的情况，易于推广。目前应用的方法有：盐酸-石灰石法、硝酸-石灰石法和碳酸氢铵-硫酸法，其中碳酸氢铵-硫酸法成本低、易于掌握，在产生二氧化碳的同时，还能将不宜在设施中直接使用的碳酸氢铵转化为比较稳定的可直接用于追肥的硫酸铵，是现在应用较广的一种方法，但使用硫酸等具有一定的危险性。

7）二氧化碳生物发生器法。利用生物菌剂促进秸秆发酵释放二氧化碳气体，提高设施内二氧化碳浓度。该方法简单有效，不仅释放二氧化碳气体，而且增加土壤有机质含量，并且提高地温。具体操作如下：在行间开挖宽30~50厘米、深30~50厘米，长度与树行长度相同的沟槽，然后将玉米秸秆、麦秸或杂草等填入，同时喷洒促进秸秆发酵的生物菌剂，最后秸秆上面填埋10~20厘米厚的园土。填埋园土时注意两头及中间每隔2~3米留置1个宽20厘米左右的通气孔为生物菌剂提供氧气通道，促进秸秆发酵发热。园土填埋完后，从两头通气孔浇透水。

（2）二氧化碳施肥注意事项。在叶幕形成后开始进行二氧化碳施肥，一直到棚膜揭除后为止。一般在天气晴朗、温度适宜的天气条件下于日出1~2小时后开始施用，每天至少保证连续施用2~4小时，全天施用或上午单独施用，并应在通风换气前30分钟停止施用较为经济；阴雨天不能施用。施用量以1000~1500微升/升为宜。

五、科学管理枝条、花果

1. 枝条管理

（1）抹芽　抹芽是枝条管理的第一步，是决定新梢数量的第一步。抹芽具有以下作用：一是减少贮藏养分的浪费，二是促进新梢的早期生长，三是合理保留枝条密度。抹芽，首先抹除不定芽和较大伤口处的隐芽，其次抹除双生芽和三生芽，最后抹除过多的芽。

【小知识】

提高发芽率的技术

① 在发芽期保持较高的湿度，为了不降低地温，在晴天中午进行浇水。

② 先促进根系的活动，每天当温度达到30℃时进行通风降温。

③ 抹除极端萌发过早的芽。

（2）定枝　定枝是决定产量的关键一步，不同品种要求新梢在架面上分布均匀，互不交叉和重叠，每个新梢之间保留一定的距离（图8-8、图8-9）。欧美杂种在设施内栽培叶片较露地栽培大，新梢之间的距离在20~25厘米之间；欧亚种的叶片设施栽培也较露地栽培大，新梢之间的距离在20厘米左右。

（3）绑梢　当新梢长到30厘米左右时，按照上述距离用绑枝机或绑枝夹子将新梢固定在钢丝上，防止新梢交叉和卷须缠绕。

图 8-8　定枝前

图 8-9　定枝后

（4）副梢管理　推荐一种省工管理方法，只保留摘心口处 1 个副梢，其余的副梢抹除。保留的副梢长到 12 片叶左右时再摘 1 次心，并抹除所有的二次副梢。

2. 花果管理

（1）提高坐果率

1）摘心。对生长势强的结果新梢，在花前 7 ~ 10 天对花序上部进行扭梢，同时花序上留 5 ~ 6 片大叶进行摘心，可显著提高坐果率（巨峰等）。花期浇水、坐果后摘心可显著降低坐果率（红地球等）。

2）疏花序。一般在展叶 4 ~ 6 片时进行疏穗，原则是如果穗重超过 500 克，中庸新梢 1 个新梢留 1 个花序，强旺新梢 1 个新梢留 2 个花序或 2 个新梢留 3 个花序，弱新梢不留花序，每个新梢 15 ~ 20 片叶。如果穗重低于 500 克，则中庸新梢 1 个新梢留 2 个花序或 2 个新梢留 3 个花序，强旺新梢 1 个新梢留 2 ~ 3 个花序。一般情况下中庸新梢留第一花序，强旺新梢留第一和第二花序或只留第二花序。

3）花序整形。详见第六章相关内容。

（2）提高果实品质

1）疏粒。疏粒标准：果粒可以自由转动，单穗重在 400 ~ 600 克（红地球除外）。疏掉果穗中的畸形果、小果、病虫果及比较密集的果粒，一般在花后 2 ~ 4 周进行 1 ~ 2 次。第一次在果粒为绿豆大小时疏粒，第二次在果粒为花生大小时疏粒。疏粒应根据品种的不同确定相应的标准。自然平均粒重在 6 克以下的品种，每穗留 60 ~ 80 粒为宜；自然平均粒重在 6 ~ 7 克的品种，每穗留 50 ~ 70 粒；自然平均粒重在 8 ~ 10 克的品种，每穗留40~60粒；自然平均粒重在8~10克的品种，每穗留40~60粒；自然平均粒重大于11克的品种，每穗留35~40粒。

2）套袋或打伞。套袋能显著改善果实的外观品质，在疏粒完成后即可套袋，纸袋的选择根据品种而定，一般着色品种选用白色纸袋，绿、黄色品种选用黄色纸袋。对于容易发生日烧的品种，最好采取打伞栽培以减轻日烧（图8-10）。

3）摘叶。摘叶可明显改善架面通风透光条件，有利于果实着色，但摘叶不能过早，以采收前10天为宜。但如果采取利用副梢叶片技术，则老叶摘除时间可以提早到果实开始成熟时。

图8-10　葡萄打伞

4）环割或环剥。果实着色前，在结果母枝基部或结果枝基部进行环割或环剥，可促进果实着色，提前3~5天成熟，同时显著改善果实品质。

5）铺设反光膜。于地温达到适宜温度后铺设反光膜，可显著改善果实品质，促进果实成熟（彩图71）。

6）喷施多元素叶面肥。于幼果发育期至果实成熟期每隔10天喷施1次。

【小知识】

促进果粒膨大的方法

① 坐果后的温度要低，在开花期为了促进开始开花和结果，夜温保持在20℃，在坐果后保持在18℃以下。

② 坐果后充分浇水，可以每隔7~10天用滴灌浇20~30毫米的水。

③ 叶面喷肥，在果粒长到黄豆大小时开始喷施多元素叶面肥。

六、综合防治病虫害

1. 清洁设施

在设施葡萄扣棚升温前，对设施内进行1次彻底的清洁，尽量减少初期发病菌源。因为许多病菌可以在果穗、果粒、枝条、卷须和树叶上越冬，而这些植株器官可以残留在植株上或挂在拉丝上，又或者落在地面上，所以扣棚前一定要把葡萄植株残体彻底清除。刮除老翘皮，有些害虫如东方盔蚧在树皮下越冬，修剪后可以进行刮皮工作刮除害虫。

2. 加强设施管理

（1）降低设施内湿度 如果设施内湿度过大，常使葡萄植株表面较长时间湿润，容易诱发多种病害。因为几乎所有的病害发生与流行都离不开水分，所以降低设施内湿度至关重要。葡萄不同生长时期所需要的湿度，参照上述原则进行，降低湿度的方法就是进行通风换气，如果不是气温特别低，每天都要坚持通风降湿度。

（2）改善光照条件

1）提高棚膜的透光率。一是有条件的情况下每年更换新的棚膜，二是定期对棚膜进行清扫，扫除棚膜上面的灰尘。

2）合理留枝。合理留枝改善架面的光照条件，根据葡萄不同品种的特性，合理地保留结果母枝，使新梢能均匀分布于架面。另外，还要及时处理副梢和绑蔓。枝叶过多或分布不均匀，光照不足，易诱发各种病害。

3. 烟雾剂防治病虫害

在病虫害发生初期，针对具体的病虫害采用有效的烟雾剂进行防治。烟雾剂防治病虫害的优点：一是不增加设施内的湿度；二是烟雾分布均匀，不存在死角。具体的病虫害参见第七章相关内容。

【提示】

设施内病虫害的发生种类和露地栽培的种类几乎一样，只有了解具体病虫害的越冬场所、发生条件，才能采取相应的技术措施，不满足病虫害发生的条件就会有效防治各种病虫害。比如，霜霉病的发生需要90%以上的空气湿度，如果保持设施内的湿度低于90%，那霜霉病就不会发生。

第九章
葡萄的采后处理与贮运保鲜

第一节　葡萄采后处理与贮运中存在的问题

一、葡萄采收期普遍过早

目前，我国鲜食葡萄的采收普遍存在采收过早的问题。采收过早的葡萄果实没有成熟（彩图 72），但是价格不低，表现出果品市场极不正常。由于早上市价格高，葡萄种植者不是通过栽培措施如控产、控氮、环剥等使葡萄提早成熟，而是通过使用催红剂将果实催红，不管成熟不成熟，好吃不好吃，只要卖得出去就卖，以致葡萄的上市期逐年提早，造成大量未成熟的葡萄果实充斥市场的滥市现象。比如，京亚葡萄在河南的成熟期在 7 月下旬，但是京亚在 7 月初就着色，许多葡萄种植者一看，果实颜色变黑了就立刻采收上市。这样采收的葡萄根本就没有退酸上糖，吃起来又酸又涩，无法入口。而巨峰葡萄只有果实变成黑色，可溶性固形物含量达到 20% 左右，有草莓香味才算成熟。然而，大多数巨峰葡萄种植者看到巨峰果实变红，就赶快采收上市，这时的巨峰葡萄口感只是稍稍有一点甜味而已。

二、对葡萄的采后处理认识不足

1. 葡萄采收后没有进行预冷

为了使葡萄提早上市，栽培的品种大多数为早熟品种，成熟期正处于高温季节。多数葡萄种植者在葡萄采收后，没有进行预冷工作而是直接用大果筐存放、销售。由于没有进行预冷，葡萄果实还具有较高的温度，在采收后还会进行呼吸活动。葡萄在采收后进行的呼吸活动，一是消耗葡萄果实内的养分，使果实内的有机物质消耗，果实的品质下降；二是呼吸活动释放出的热量，增加果实的温度，造成果实起热受害，表现为果梗失水变干、变褐色。

2. 葡萄采收后没有进行分拣和分级

现在由于用工成本在不断增加，有些葡萄种植者在葡萄采收后，没有进行分拣工作，没有挑出受到病虫害危害的果穗，或剔除受到病虫害危害的果粒，致使有问题的葡萄蔓延到好的葡萄上，使其受到污染，在销售的过程中继续造成烂果。

还有一种情况，虽然剔除受到病虫害危害的果穗、果粒，但是没有进行分级工作。果穗无论大小，颜色不管好坏、口感不论好差，都以一个价格销售。品质好的葡萄没有卖出高价，品质差的卖价更低。这就是目前我国葡萄市场普遍售价过低的原因，不进行分级好坏都是一个价格。甚至个别葡萄采摘园存在采摘欺诈行为，给顾客的包装箱里装的葡萄"以次充好"，使消费者受到欺骗。

三、对提高葡萄耐贮运保鲜的技术不够重视

1. 不了解品种的耐贮运特性

不同品种的耐贮运性差别很大，而在实际生产中不分品种，一律用统一的模式进行贮运。如龙眼、巨峰、玫瑰香、红地球等品种较耐贮运，可以进行长期的保鲜贮藏。而夏黑、巨玫瑰、无核白是中度耐贮藏的品种，不适合长期贮藏，如果长期贮藏就会造成果粒脱落现象。

2. 采收时间不适宜

在我国北方葡萄产区一般耐贮藏的品种，采收期在 9 月中旬到 9 月底，如果把握不好霜期，提前采收，会造成果实成熟度不足，可溶性固形物含量低，若采收晚遇到霜，则影响贮藏效果。南方葡萄产区采收过晚，虽然可溶性固形物含量增加，颜色变深，口感变好，但是向过熟方向发展，出现果梗脱水，遇到雨水会增加霉菌侵染而腐烂，造成果梗干枯。

3. 产量过高

产量过高，果实可溶性固形物含量降低，含水量增加，生理进程加快，造成葡萄的耐贮运性降低。

4. 雨后或灌水后采收

在遇雨或灌水后采收，一是会造成葡萄裂果和腐烂，二是因为湿度大，会使对贮运保鲜致命的病害——灰霉病发生严重，三是贮运的葡萄会因水分多而影响贮运效果。

5. 没有把好入贮质量

严格来讲就是没有进行果实的分拣与分级工作。不进行分拣工作，就是没有拣出受到病虫害危害的果穗，或者没有剔除萎蔫果粒、日烧果粒、水渍果粒、小果粒、干果粒等；不进行分级工作，就是果穗无论大小、无论松紧一律进行贮运保鲜。

6. 装箱层数多

装箱层数多的后果：一是果穗之间相互挤压，在贮运过程中挤烂果粒，造成腐烂现象；二是箱内果穗多，呼吸活动产生的热量多，造成果梗变褐色、干枯，引起果粒脱落现象。

7. 贮藏库房和运输车辆没有消毒

葡萄贮运设施（包括机械冷藏库和运输车辆等）是葡萄贮藏病害的主要初侵染源之一。如果不对贮运设施进行清洁和消毒，就不能减少贮运设施中的病原微生物，会增加贮藏病害的发生。

第二节 提高葡萄效益的贮运保鲜方法

一、采收期要适宜

决定葡萄采收期的主要因素是：具有吸引人的外观和良好的口感，具有良好的贮藏和运输性；达到最好的市场价格。为了达到上述目的，采收期不宜过早，也不宜过晚。过早采收的葡萄糖度低，品质和风味达不到消费者的要求，也不耐贮运；采收过晚，有些品种的果粒会脱落，也容易受到病原菌的侵染，降低耐贮运性能。所以，一定要适时采收，一定要成熟采收。

葡萄果实成熟的标准是：达到该品种固有的色泽，即有色品种充分着色，无色品种因品种不同而分别达到黄白、金黄、绿黄或黄绿色；果肉变软，富有弹性，半透明状，达到本地区应有的可溶性固形物含量（表9-1）。

二、采收的时间与方法要恰当

1. 采收时间

在果实成熟期要严格控制灌水，采收前7～10天不能灌水。采收应选择在晴朗天气，露水蒸发后进行，阴雨、大雾及雨后不能采收。高温季节采收时，1天内的采摘以上午10:00以前和下午3:00以后为宜，最好是10:00以前，这样容易保持果实原有的品质。

表9-1 我国代表性鲜食葡萄品种的平均果粒重和可溶性固形物含量

品　　种	平均单粒重/克	可溶性固形物含量（%）	品　　种	平均单粒重/克	可溶性固形物含量（%）	品　　种	平均单粒重/克	可溶性固形物含量（%）
玫瑰香	5.0	17	藤稔	15.0	14	乍娜	9.0	14
无核白	2.5	19	红地球	12.0	6	木纳格	8.0	18
瑞必尔	8.0	16	龙眼	6.0	16	巨峰	10.0	15
秋黑	8.0	17	圣诞玫瑰	6.0	16	无核白鸡心	6.0	15
里扎马特	10.0	15	泽香	5.5	17	巨玫瑰	9.0	19
牛奶	8.0	15	京秀	7.0	16			

2. 采收方法

同一葡萄园内的葡萄，应该多次采收。应选择果穗紧凑、穗形适宜、果粒均匀且无病虫害的果实采收。采摘、装筐、搬运要小心操作，工作人员要戴手套，轻拿轻放，严防人为落粒、破粒。采摘时一只手握剪刀，另一只手抓住葡萄果梗，在贴近母枝处下剪刀剪下，保留一段穗梗。供贮藏的葡萄要尽量选择生长在葡萄架中上部和朝阳方向，穗重适中、疏密适当、果粒均匀、成熟一致的果穗。采摘后直接剪掉果穗中烂、瘪、绿、干、病的果粒和硬枝，并对果穗进行修剪和挑选，然后将葡萄果穗轻轻地放在筐内，果筐采摘满后搬到运输工具上，一定要轻放。落地果、残次果、腐烂果、沾泥果，不能进行贮藏。对未进行整修和挑选的葡萄，可运到包装间进行修剪和挑选。采收后，果实应放到阴凉处，避免日晒雨淋。

三、采收后预冷要快速

葡萄采收后快速预冷，能有效地降低果穗呼吸强度，延缓贮藏中病菌的危害与繁殖。另外，快速预冷，还可以防止果梗干枯、失水，阻止果粒失水萎蔫和落粒，从而达到保持葡萄品质的目的。实践表明，巨峰采收后20小时内预冷，比采收后4小时内预冷的干梗率高51.7%。葡萄果实预冷有以下3种方法。

1. 冷藏间预冷

冷藏间预冷适合不衬塑料膜（袋）箱装或塑料膜（袋）衬里箱装葡萄，后者要求敞开袋口进行预冷。要求包装箱对整齐，箱口错开堆码，以使空气通道畅通无阻，箱内葡萄充分接触冷空气。通过这些通道的空气流速至少达到0.508米/秒，冷却时间为18～24小时。

2. 差压预冷

差压预冷适合不衬塑料膜（袋）箱装葡萄或多孔塑料膜（袋）衬里箱装葡萄。要求用专门设计的包装箱，并合理码垛排列，以保证空气从包装箱内顺畅通过；空气流速应控制在4米/秒；要求在3～4小时后，果实温度接近0℃。

3. 隧道预冷

隧道预冷适合不衬塑料膜（袋）箱装葡萄或用多孔塑料膜（袋）衬里箱装葡萄。葡萄箱单层在隧道传送带上传送，调速预冷。

四、严格进行分级与包装

1. 分级

为了使产品在市场上具有竞争力和获得较高的售价，葡萄一定要进行分级。根据果穗形状、大小、紧实度，以及果粒大小、着色度、整齐度及缺陷进行分级。关于分级，行业和地方有一些相关标准，可参照执行。以下列举一些指标，仅供参考，见表9-2～表9-6。

表9-2 标准化葡萄感官要求

项目名称	果穗	果粒	成熟度	色泽	风味	缺陷度
指标	典型且完整	大小均匀、发育良好	充分成熟的果粒≥98%	具有本品种特有的色泽	具有本品种固有的风味	≤5%

表9-3 红地球葡萄等级指标

项目名称	等级			
	特级	一级	二级	三级
色泽	呈鲜红色，果粉全	呈鲜红色或深红色，果粉全		
果粒	粒重14克以上，光洁无斑，无病虫害痕迹，无机械伤，果粒大小整齐匀称，呈圆形或卵圆形	粒重12～14克，光洁无斑，无病虫害痕迹，无机械伤，果粒大小整齐匀称，呈圆形或卵圆形	粒重11～12克，光洁无斑，无病虫害痕迹，无机械伤，果粒大小整齐匀称，呈圆形或卵圆形	粒重10克以上，粒形较一致，无病虫害痕迹，无机械伤

（续）

项目名称	等级			
	特级	一级	二级	三级
穗重	550～850克	500～800克	450～750克	穗重在450克以下
果粒着色率（%）	≥96	≥94	≥92	≥90
穗形	自然松散，果粒无挤压变形现象，穗长20～25厘米，呈圆锥形、圆柱形			稍有不自然松散，形状较一致，穗长20～25厘米，呈圆锥形、圆柱形
果肉	硬脆，味甜爽口，无异味			
可溶性固形物（%）	≥18	≥17	≥16	≥15
总酸量（%）	≤0.46	≤0.48	≤0.50	≤0.53
固酸比（%）	≥39.1	≥35.4	≥32.0	≥28.3

表9-4　红地球葡萄理化指标

项目名称		等级	
		一级果	二级果
果穗基本要求		果穗完整、光洁、无异味；无病果、干缩果；果梗、果蒂发育良好，并且健壮、新鲜、无伤害	
果粒基本要求		发育成熟，果形端正，具有本品种固有特征	
果穗要求	质量/克	800～1000	500～800
	松紧度	中度松散	紧或松散

（续）

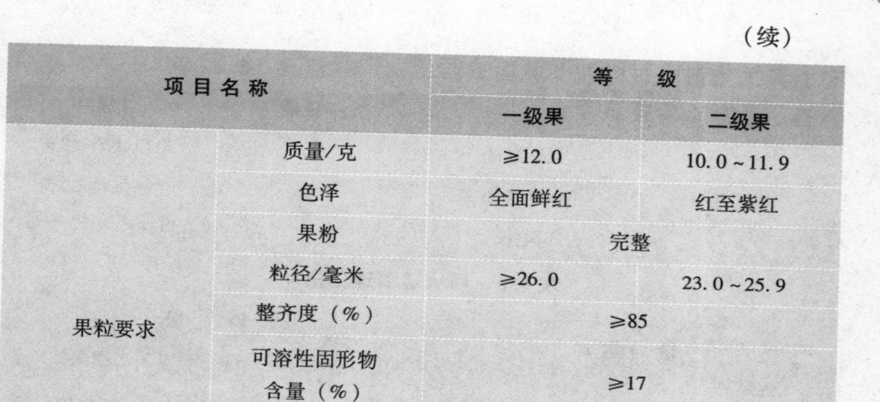

项目名称		等级	
		一级果	二级果
果粒要求	质量/克	≥12.0	10.0～11.9
	色泽	全面鲜红	红至紫红
	果粉	完整	
	粒径/毫米	≥26.0	23.0～25.9
	整齐度（%）	≥85	
	可溶性固形物含量（%）	≥17	
	果面缺陷	无	果粒缺陷≤2%
	二氧化硫伤害	无	受伤果粒≤2%
	风味	品种固有风味	

表9-5 玫瑰香葡萄理化指标

项目名称		等级	
		一级果	二级果
果穗基本要求		果穗完整、光洁、无异味；无病果、干缩果；果梗、果蒂发育良好，并且健壮、新鲜、无伤害	
果粒基本要求		发育成熟，果形端正，具有本品种固有特征	
果穗要求	质量/克	350～500	500～800
	松紧度	果粒着生紧密	中等紧密
果粒要求	质量/克	≥5.0	≥4.0
	色泽	黑紫色	紫红色
	果粉	完整	
	粒径/毫米	≥10.0	8.0～10.0
	整齐度（%）	≥80	
	可溶性固形物含量（%）	≥19	≥17

（续）

项目名称		等级	
		一级果	二级果
果粒要求	果面缺陷	无	果粒缺陷≤2%
	二氧化硫伤害	无	受伤果粒≤2%
	风味	品种固有风味	

表9-6　巨峰葡萄理化指标

项目名称		等级	
		一级果	二级果
果穗基本要求		果穗完整、光洁、无异味；无病果、干缩果；果梗、果蒂发育良好，并且健壮、新鲜、无伤害	
果粒基本要求		发育成熟，果形端正，具有本品种固有特征	
果穗要求	质量/克	400～500	300～400
	松紧度	果粒着生紧密	中等紧密
果粒要求	质量/克	≥12.0	9～12
	色泽	黑或蓝黑	红紫至紫黑
	果粉	完整	
	粒径/毫米	≥26.0	22.0～26.0
	整齐度（%）	≥80.5	
	可溶性固形物含量（%）	≥17	≥16
	果面缺陷	无	果粒缺陷≤2%
	二氧化硫伤害	无	受伤果粒≤2%
	风味	品种固有风味	

2. 包装

（1）预包装　用软棉纸单穗包裹；用纸袋或用果实套袋单穗包装；用开孔塑料或塑料与纸或与无纺布做成T形袋、圆底袋或方形袋单穗包装。一般以300～500克装入塑料盒、塑料盘、纸盘和泡沫塑料盘，再用自粘膜或收缩膜进行包裹。

（2）短期冷藏及运输包装 一般装入5～10千克。

1）不衬塑料膜（袋）箱装。把未经预包装或经预包装的葡萄单层放入瓦楞纸箱、塑料箱（筐）、泡沫塑料箱或木箱。

2）塑料膜（袋）衬里箱装。用0.02～0.03毫米厚有孔或无孔塑料膜（袋）展开，衬放瓦楞纸箱、塑料箱（筐）、泡沫塑料箱或木箱后，再把未经预包装或经预包装的葡萄单层放入。

3）托盘箱装。将葡萄包装箱摆放在托盘上，用拉伸（收缩）塑料膜或塑料网缠绕包裹或用加固角与打包带封垛。

（3）长期冷藏包装

1）不衬塑料膜（袋）箱装。把未经预包装的葡萄，单层直接放入瓦楞纸箱、塑料箱（筐）、泡沫塑料箱或木箱。

2）塑料膜（袋）衬里箱装。用0.02～0.03毫米厚的塑料膜（袋）展开，衬放瓦楞纸箱、塑料箱（筐）、泡沫塑料箱或木箱，再把未经预包装的葡萄单层放入。

五、运输与销售要防碰伤

鲜食葡萄运输保鲜的管理好坏，对鲜食葡萄能否从产地成功运输到目的地，起着非常关键的作用。鲜食葡萄是生产物品，在流通贮运中一定要轻装轻卸，防止碰伤。如果发生碰伤，就会引起果实在贮运过程中发生腐烂、造成损失，要做好以下工作。

1. 运输方式

（1）无塑料膜衬里（袋）直接冷藏运输 把不衬塑料膜（袋）箱装葡萄放上保鲜纸，然后码入冷藏运输车辆或简易保冷运输车辆，进行机械冷藏运输或保冷简易运输。

（2）多孔塑料袋衬里箱装冷藏运输 多孔塑料袋衬里箱装冷藏运输是在树下、田间或包装间将多孔塑料袋衬入箱内，将葡萄装入并放入保鲜纸封袋（箱），然后放入冷藏库进行预冷，预冷后装入机械冷藏运输车辆或简易保冷运输车辆，进行冷藏运输或简易保冷运输。

（3）无孔塑料袋衬里箱装冷藏运输 无孔塑料袋衬里箱装冷藏运输是在树下、田间或包装间将无孔塑料袋衬入箱内，将葡萄装入后敞口，然后放入冷库进行预冷，预冷后放入保鲜纸后封袋（箱），然后装入机械冷藏运输车辆或简易保冷运输车辆，进行冷藏运输或简易保冷运输。

2. 运输管理

（1）精细操作、文明装卸 质地鲜嫩的鲜食葡萄需要精细操作，做到轻装轻卸，杜绝野蛮装运。应严格实施装卸责任制和破坏赔偿责任制，并加强职工的素质教育和商品贮运性能的宣传培训，采取必要的行政和法制手段，以保证鲜食葡萄的运输质量。

（2）合理包装、科学堆码 在运输过程中，鲜食葡萄处于动态不平衡状态。因此，产品必须有科学合理的包装和堆码使其稳固安全。包装材料和规格应与产品相适应，做到牢固、轻便、防潮，且利于堆码。一般鲜食葡萄可用品字形、井字形装车堆码法，篓、箩、筐多用逐层扣紧法使之稳固安全，且有利于通风和防止倒塌，并能经济利用空间，增加装载量。

六、微型节能冷库贮藏

微型节能冷库是在一家一户生产体制下产生的贮藏方式。该库型设计简单，投资少，见效快，深受广大葡萄种植户欢迎。近年来，经过国内众多科研单位的积极推广，微型节能冷库开始发展。在辽宁、山西、陕西等地区，微型保鲜冷库已成规模。

1. 微型节能冷库的设计

微型节能冷库的保温处理为聚氨酯喷涂，也可采用聚苯板、膨胀珍珠岩、稻壳等保温处理。采用聚氨酯喷涂或聚苯板隔热时，需要做防护层，以防止保温层破损。采用膨胀珍珠岩、稻壳等松散材料时，通常采用双层墙（夹层墙）。防潮层可用沥青油毡或塑料膜。地面可用炉渣做保温层，但采用聚氨酯喷涂或聚苯板保温效果好，冷库降温快，同时可节能省电。

（1）墙体隔热处理 外墙由围护墙（承重墙）、隔气防潮层、隔热层、内保护层或内衬墙组成。围护墙体大部分用砖砌成，隔气材料可采用沥青油毡，也可采用塑料薄膜等，外墙厚度一般为240毫米或370毫米。在同温库内或相邻两个贮藏间的温差小于4℃时，内墙可不用做保温层。当相邻两库温差较大时，间隔墙需要设隔热层、防潮层。

（2）地坪隔热处理 冷库地坪一般由钢筋混凝土承重结构层、隔热层、防潮层（采用炉渣隔热时应避免炉渣对防潮隔层的损坏）组成。

（3）库顶隔热处理 冷库顶部的外围结构，它的作用除了避免日晒和防止风沙雨雾对库内的侵袭外，还起着隔热和稳定墙体的作用。库顶隔热措施有两种：一是在冷库屋面层上直接敷设隔热层，隔热层在库顶上面的称外隔热；二是将隔热层反贴在库顶内侧，称内隔热。隔热材料一般采用轻质的块状隔热材料，如软木、聚苯板、聚氨酯喷涂等。

（4）保温门的制作 冷库保温门可自行制作，也可购买专业公司生产的产品。自行制作成本较低，一般的做法是在两层木板间加放100毫米厚的聚苯乙烯泡沫板，也可采用聚氨酯发泡浇注。为了坚固结实和预防吸潮，库门可用镀锌铁皮包裹。保温门大小可根据需要确定，一般宽度不小于1米，高度为2米左右即可（图9-1）。

2. 设备选型

微型冷库大小可从十余吨到数十吨不等。该库型最适合葡萄种植户家庭保鲜贮藏，它的优点是占地少，造价较低，可用闲置旧房、旧仓库改造，施工方便。库的空间规格有80米^3、120米^3、150米^3、250米^{3}等。选用压缩机时，必须考虑冷库的保温结构。在保温效果好的情况下，同容积的库所需的压缩机功率（制冷能力）比保温差的库可略低一些。

图9-1 保温门

3. 冷库管理

（1）贮藏前准备 贮藏前对库房做好清扫、消毒、灭鼠工作，对冷库制冷系统性能进行检查等，并在入库前开机制冷，使库温降至－1～0℃或适宜温度时，将果实入库贮藏。

（2）入库及码垛 葡萄采收后应及时入库降温。贮藏包装应保证空气流通，码垛时货件之间应留有一定缝隙，垛与垛、垛与墙、库顶均应留有一定空间，以利于通风降温。货垛堆码要牢固、整齐，货垛间隙走向应与库内气流循环方向一致。

（3）中期管理 在葡萄贮藏过程中，应保持库温的稳定，贮藏期间库内温度变化幅度不能超过1℃，要使用0.1℃或0.2℃分度值的水银温度计或电子温度计。入库初期，每天至少检测两次库温与库内相对湿度，以后每天检测1次并做好记录。每个库房至少选择3个测温点，测温仪器每个贮藏季节至少校验1次。库内最低温度不得低于最佳贮藏温度下限。定期对库内葡萄果实外观色泽、果肉颜色、硬度、口感风味进行测评，发现问题及时处理。

（4）出库　葡萄出库时，正值寒冬季节，要注意做好保温。打开包装后，应尽快出售。

第十章
葡萄产品的市场销售

第一节　葡萄营销的基本概念

葡萄营销的基本概念是葡萄的规模种植户和营销企业，在自己发展战略、发展模式、经营理念的前提下，要树立品牌、经营品牌，进行绿色生产，把握市场、以客为本、诚信营销，同时要宣传葡萄果品引导消费，以取得良好的经济效益。

1. 订单销售

随着市场经济的发展，各地交通也越来越好，全国高速公路网络已基本形成，葡萄果品的流通范围也逐渐扩大，没有大规模种植葡萄的地区和人口密集的大都市，成为葡萄运销的主要市场。经营商为了抓住市场机遇，提高果实质量，在优质产区与葡萄种植者预先签订购销合同。这就要求购销双方都要严守合同，购方按时按量按价收购，销方按时按质按量提供，不得降低标准，不得掺杂使假。或者采用公司 + 协会 + 农户的方式进行销售。

2. 超市销售

随着我国人民生活水平、文化素质不断提高，葡萄果品市场将出现新的时代特点——营养、保健、无公害、卫生与安全的葡萄果品将成为消费热点。对葡萄果品质量有了更高的要求，除风味品质、外观品质外，营养品质、环境品质更受重视，放心葡萄备受青睐。特别是用作礼品时更追求葡萄的穗形大小、果粒的颜色、口感风味和外包装，对价格并非很挑剔。所以，在超市销售的葡萄果实要求有一定的货架期、响亮的品牌、可口的风味、放心的品质和美丽的包装。

3. 会展销售

近几年来随着我国葡萄种植面积的逐步扩大，各级政府为了促进当地葡萄和其他农产品的销售，每年在葡萄成熟季节都要举行大型的农产品会展和博览会。每年中国农学会葡萄分会和各省的农学会葡萄分会，以及大型的农资经销商，都会举办一些葡萄评比会、观摩会。广大葡萄种植者可以利用这个平台，进行葡萄的宣传和销售。

4. 批发市场

按我国目前的葡萄生产格局，产地销售多由葡萄种植户在当地批发市场销售。异地销售多由经销商通过贩运，在大城市批发市场销售。葡萄果品要求严格分级，箱内上下一致，摆放整齐，勿伤、勿烂，包装箱印有真实产地、等级和重量。商标品牌要清晰可见，特别是异地销售，要注明产地，打出品牌。

5. 零售市场

我国目前葡萄销售仍为分散经营，一家一户几亩地的较多，葡萄种植者可以直接在市场上自由交易。其零售价格波动较大，同一天中早晚价格差异很大。要抓住消费者的心理，将优质果放在早上高价格销售，一般果品放在晚些时低价销售。

6. 网络销售

通过互联网及时交流，可以打破地域限制，进行远程信息传播，受众面广，营销内容图文并茂，可以全方位展示葡萄果品的形象，为广大购买者提供了许多方便。

7. 特殊市场

（1）送货上门 一是销售公司通过电话、信息网络，把葡萄果品直接送到客户家中或单位，常用作礼品销售。二是与酒店、饭店、宾馆和娱乐场所签订协议，将优质葡萄果品直接送到其管理部门，用作早点配餐、拼盘等。

（2）农村市场 农村市场是个庞大的消费市场。随着国家惠农政策的实施，特别是随着新农村建设的推进，农民文化水平提高、经济收入增加，社会保障制度完善，农民的消费理念也发生了很大的变化，市场容量不断加大。但是，目前的消费水平仍以“价廉”为主。

（3）休闲旅游市场 城郊型农村可以开办葡萄休闲旅游市场，通过自采葡萄园、旅游葡萄园销售果品；也可以简单制成加工品，如葡萄汁、葡萄酒、葡萄饮料及盆栽葡萄等进行销售；也可以举办葡萄采摘节，吃葡萄大赛等进行销售。

第二节　我国葡萄营销存在的问题

一、生产与市场脱节

1. 优质安全高品质的葡萄果品少

随着我国人民生活水平的不断提高，人民对葡萄果品的质量要求也越来越高，穗形整齐、着色正常、又香又甜的葡萄果品越来越受欢迎。而目前我国的葡萄生产仍以产量为主，在生产中只重视葡萄产量，不重视葡萄品质。为了追求高产量，不进行疏花疏果、多留果穗，1 个枝条保留两穗葡萄，产量是达到目的了，但是生产出来的葡萄果品颜色很差甚至不着色，可溶性固形物含量很低，口感又酸又涩，简直就无法入口，到了市场上很少有人问津。随着产量的提高、负载量的增加，葡萄的病虫害发生也很严重，为了保护葡萄不受病虫害的危害，保住产量，不得不增加打药的次数和农药的使用浓度，加大了农药的残留，生产的葡萄果实不安全。

2. 绿色食品级的葡萄果品售价低

一方面是大量着色差、口感差的葡萄果品充斥市场，无人问津造成滥市；另一方面是低品质的葡萄果品滥市形成低价，使真正的“绿色”葡萄果品也因为市场上价格太低，销售的葡萄果品效益低，甚至有的都收不回成本。有些葡萄批发商或销售商，想销售品质比较高的“绿色”葡萄果品，也因品质低下的低价葡萄太多而销售不出去或根本就抬不上价钱。比如，2018 年全国的阳光玫瑰露地葡萄价格，每千克的价格只有几元，不上十元，造成这种现象的原因就是大量低品质的阳光玫瑰充斥市场，而高品质的阳光玫瑰葡萄也抬不上价钱。

3. 早采现象很普遍

许多的葡萄种植者为了使葡萄提早上市，为了卖一个高价钱，不等到葡萄果实完全成熟，就开始采收销售。甚至有的葡萄种植者，在葡萄刚开始着色或是没有着色就采收销售。这些早采的葡萄果实，还没有完全退酸退涩，吃起来酸涩难咽，口感极差。这些不熟的葡萄果品推向市场，在市场上满眼都是着色极差不成熟的葡萄，很少有人问津，销售不出去造成积压。

二、缺乏品牌意识

1. 缺乏品牌所提供的信息意识

许多葡萄种植者只知道电子产品有品牌，而缺乏农产品品牌意识，对农产品品牌的种类及提供的信息缺乏意识。农产品品牌有三种类型：区域性公用品牌、产品品牌和企业品牌。不同类型的品牌，所提供的信息是不一样的。

区域性公用品牌提供的是普遍具有某种鲜明特点的产品价值与利益。一般而言，成功的区域性公用品牌，是在特殊的地理、气候特征和与之适应的栽培管理技术传承下形成和产生的，如新疆吐鲁番的马奶子葡萄、河北张家口的龙眼葡萄等。

企业品牌和产品品牌提供的是消费需求和购买理由，它提供了具体产品的质量保证、消费体验和售后服务。这类品牌的创建和运营必须有企业或经济合作组织进行，这种品牌的背后必须有严格的质量标准支撑和售后服务体系。

2. 缺乏著名品牌的作用意识

同样是网上销售的葡萄，有品牌的葡萄售价就高，而没有品牌的售价就低。都有品牌的葡萄，著名品牌的葡萄售价就高。真正的著名品牌产品应该具有以下 8 个基本特征。

1）拥有广大而稳定的消费者群体。

2）拥有较大的市场占有份额，企业的市场占有率较高。

3）拥有从产品开发到市场销售的独特运作方式。

4）拥有强大的技术开发与创新能力。

5）产品的高质量得到消费者的普遍认同。

6）拥有较高的盈利水平。

7）著名品牌商标都具有相当高的价值。

8）拥有著名品牌的企业都十分注意维护著名品牌的形象与信誉。

三、生产模式不能适应市场变化

有些葡萄种植者受小农经济的影响，常常以自己的直接销售能力来确定种植面积，而且在很小的面积上种植多个葡萄品种。他们把市场定位在“自己家门口”，认为这样才保险。殊不知，这种种植模式，生产规模小，品种杂乱，很难引进先进栽培技术和集约化管理，生产的葡萄果品商品率太低，以至于造成市场交易的成本高，效益低，果品积压难出手。市场上需要大量穗形整齐、着色均匀、口感好的葡萄，而小规模种植葡萄以产量为主，不注重品质，生产出来的葡萄不符合市场需求，到市场上卖不出去形成积压滥市。

第三节 获得高效益的营销方法

一、依据市场需求科学种植

以市场为导向，以消费者的需求为生产目标，充分调研市场上对葡萄的需求量，按照市场需求来指导生产，满足不同消费群体的需求。

1. 精品水果行

精品水果行的客户是高端消费者，销售的是高品质葡萄，价格偏高，对葡萄果品的品质要求也高。在外观上要求穗形大小整齐均匀，果穗松紧适度，果粒着生疏密适度，果粒大小基本一致，没有大小粒现象，红色或黑色品种要求着色均匀一致，没有着色不均匀的“花脸”现象。内在品质要求充分成熟，可溶性固形物含量达到该品种所具有的百分比，无任何酸味和涩味，有香味的品质要求香味纯正无异味。

2. 批发市场

批发市场面向的主要是大众消费者，对葡萄的品质要求没有精品水果行要求得那么高。在外观上要求果穗穗形大小基本一致，果穗松紧度以不松散为好，在运输过程中防止果粒脱落，着色满，没有“花脸”“阴阳脸”现象即可。内在品质要求葡萄必须成熟，可溶性固形物含量达到应有的百分比，无任何酸味和涩味，具有该品种应具有的香味。

3. 观光休闲采摘园

这一类葡萄园的功能除了生产高品质的葡萄以外，应该还具有观赏的功能。第一，要求葡萄品质必须高；第二，要求葡萄树体的枝条管理规范，分布均匀一致，具有观赏性；第三，葡萄园干净卫生，没有垃圾和农药包装；第四，葡萄园没有病虫害的发生，叶片整齐，一片绿色，给人一种赏心悦目的感觉。

【提示】

市场是主体，一切的生产都必须以市场为导向。无论哪种销售模式，销售的葡萄果品都必须成熟，严禁早采和用植物生长调节剂进行催熟。供应市场销售的葡萄，应该以甜为主，没有酸味和涩味。如果供应的葡萄果品又酸又涩不堪入口，那么必将滞销形成滥市。

二、加强采收后的处理与包装，树立品牌

1. 严格进行整修与分级

为了使葡萄果品在市场上具有竞争力和获得较高的售价，在葡萄销售前必须进行严格的分级工作。

(1) 果穗整修 对鲜食葡萄要力求商品性高，分级前必须对果穗进行整修工作，使穗形整齐美观。整修是把每一果穗中的青粒、小果粒、受病虫害危害的果粒、破损果粒、畸形果粒等影响葡萄果品质量的果粒（图10-1、图10-2），用疏果剪刀剪去。对超长果穗、超大果穗、稀疏果穗等要进行适当分解修饰、美化穗形。整修一般与分级结合进行，一边整修一边分级，一次性到位。

图10-1 整修前　　图10-2 整修后

(2) 果穗分级 参照各种标准，在葡萄销售前进行严格的分级，具体可参照第九章相关内容。

2. 包装

通过包装可以美化葡萄商品外观，提高市场竞争能力，保护商品不变形、不挤压、不破损，增强运输和贮藏性，并提高商品的安全系数，增进食品卫生，防止污染。由于葡萄果实不抗压、不抗震、易失水、易污染，包装材料最好使用既能透气，又能保水的带小孔无毒塑料保鲜袋或纸盒先进行小包装，然后根据运销的远近，再选择外包装。

（1）产地市场包装 一般采用竹筐、塑料筐等内衬蒲包，每筐装葡萄 30~50 千克。

（2）礼品包装 先用小袋子包装葡萄果穗，每个小袋子内根据果穗大小装入 1~2 穗葡萄，每个小袋子内装入的葡萄品种不同，以此来搭配外观颜色和葡萄口味。也可在每一个箱内装入颜色不同的品种进行搭配（图 10-3）。

图 10-3 不同品种搭配

（3）电商包装 近几年来随着微信的普遍使用，通过微信发朋友圈、发语音、发图片，在微信朋友圈内建立电子商铺等形式，在网上销售葡萄的也越来越多。也有的建立专业的网站，从网上面向全国来销售葡萄。网上销售葡萄需要通过物流，并且有的还需要长途运输，采用的包装在运输的过程中一定要抗压挤。先把每穗葡萄用较厚的真空塑料袋进行包装（图 10-4），然后再用外包装进行包装，运输距离较远的在包装箱内放入保鲜剂。

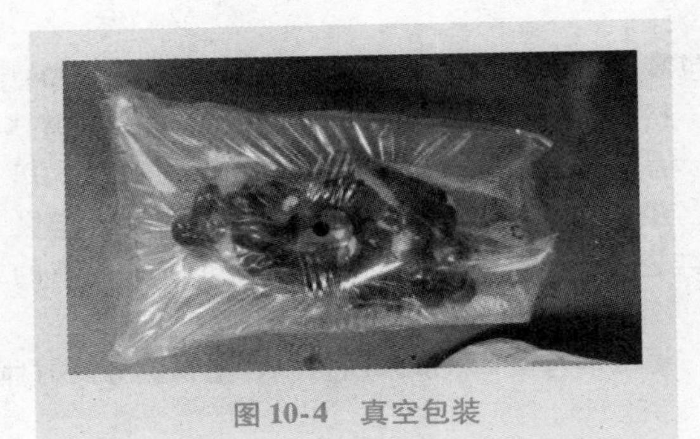

图 10-4 真空包装

三、提高果农的组织化以适应市场

1. 大力培育果业龙头企业

培育和壮大一批起点高、规模大、运作规范、带动力强的果业龙头企业，重点扶持具有出口创汇型果品龙头企业，使之成为当地葡萄销售发展的排头兵。按照科技含量高、葡萄产品价值高的要求，打造优势企业群体，带动当地葡萄销售向规模化、高端化方向发展。龙头企业在销售自身葡萄果品的同时，还可以销售当地其他葡萄种植者的果品。

龙头企业可以根据市场需要，及时指导当地葡萄种植者进行葡萄产业结构调整，避免成熟期集中，同一品种大量上市，发展多种种植模式，拉长葡萄果品供应期。按照市场的需求指导当地葡萄种植，按照市场需求进行标准化、绿色无公害化生产果品。

2. 建立专业合作社

充分发挥专业合作社的辐射带动作用，通过发展订单农业、股份合作等多种形式，构建“公司＋基地＋农户”的产业化经营模式，使利益主体结成“风险共担、利益共享”的经营共同体。进一步发挥专业合作社经济组织作用，完善主体带动农民的机制，促进葡萄增效、农民增收。

在当前全国葡萄产销基本平衡、葡萄销售转缓的时期，要充分发挥专业合作社的作用，建议当地葡萄种植者调整葡萄产业结构，按照绿色发展理念，走无公害、绿色、有机产品的发展路子。坚定不移地落实葡萄标准化生产，提升葡萄的品质，保证产品的质量安全。

3. 树立品牌，大力发展物流及电商

每个葡萄产区要根据当地独有的地理、历史、文化、人文等特色，

创建别具一格的核心品牌。今后土地流转企业介入，带动家庭化葡萄种植，走向集约化、标准化是树立葡萄品牌效益的基础。大企业和专业合作社，要树立核心品牌，发挥带头作用，在市场开拓上创新方法。通过在互联网上建立网站，通过微信建立电子商铺、发朋友圈、发图片等形式发展电商；依据现今发达便利的交通进行长途销售。在葡萄贮藏、包装、运输等方面创新技术，做好销售工作。

附 录
荥阳市汜水镇虎牢关生态园葡萄优质高效栽培

荥阳市汜水镇虎牢关生态园，地处河南省荥阳市西北汜水镇虎牢关村，葡萄园建立在该村丘陵地上，土层较薄，土质为砂壤土，肥力较低，多年未使用有机肥料，表层土壤略有沙化现象。该葡萄园于 2011 年 4 月定植，种植的品种有夏黑、巨玫瑰、月光无核、甬优 1 号、摩尔多瓦等。2012 年开始结果，亩产优质葡萄鲜果 400 千克，每千克售价 60 元，每亩葡萄售价达 24000 元。从 2013 年开始，产量达到每亩 800 千克左右，售价为每千克 80 元左右。该葡萄园坚持生产优质果的生产理念，每年实行控制产量栽培，葡萄不成熟坚决不采收，销售前实行严格的分拣工作，坚决不让品质较差的葡萄进入客户手中。现将该葡萄园的生产技术简单介绍如下。

1. 科学进行冬季修剪

该葡萄园每年在 12 月下旬至第二年 1 月上旬进行冬季修剪，修剪方法以长梢修剪为主，配合适量的短梢修剪。以长梢修剪为主，来年树势不容易旺长，树势缓和；配合适量的短梢修剪，便于进行更新。

2. 科学浇水、施肥

施肥以秋季重施有机肥为主，结合生长季节少量、多次使用多元素复合肥，不进行一次性大量施复合肥，以避免肥料过量造成徒长。原则上施肥后浇 1 次水，如果施肥后遇到雨水较多就不进行浇水。

3. 科学选留枝条

每年春季葡萄萌芽后，根据不同葡萄品种特性，进行科学的选留枝条，使新梢在架面上均匀分布，不交叉、不重叠、不拥堵，每个新梢都有生长空间，整个架面通风透光良好。不过多保留新梢，新梢保留过多会使架面郁闭，通风透光不良，遇到多雨季节湿度大，容易感染多种病害。

4. 严格进行花序和果穗管理

新梢选留后立即进行花序管理，坚持1个新梢只结1穗葡萄的原则，多余的花序一律疏除。花序选留后进行花序整形工作，使每个花序大小一致，这样后期所结的果穗也大小一致。当果实坐稳后开始进行疏果工作，原则上要求单穗果实的质量不超过500克，然后根据不同品种的单粒重不同，保留60~80粒果粒。

5. 进行套袋

葡萄果穗疏果后，用15%苯醚甲环唑1000倍液处理果穗，待药液干后立即进行套袋。套袋后果穗可以避免灰尘等污染，也可保护果穗的果粉不被伤害。

6. 综合防治病虫害

在病虫害防治方面，该葡萄园坚持“预防为主、综合防治”的方针。每年冬季修剪后结合清除葡萄枝条，进行树干刮除老翘皮工作，同时也刮除树干和架材上的越冬虫卵。在萌芽后喷施广谱性杀菌剂70%甲基托布津1000倍液，进行1次全园杀菌工作。果穗套袋后，叶面喷施80%必备400倍液。

参考文献

[1] 贺普超．葡萄学［M］．北京：中国农业出版社，1999.

[2] 刘凤之，段长青．葡萄生产配套技术手册［M］．北京：中国农业出版社，2013.

[3] 王鹏，吕中伟，许领军．葡萄避雨栽培技术［M］．北京：化学工业出版社，2011.

[4] 刘崇怀．优质高档葡萄生产技术［M］．郑州：中原农民出版社，2003.

[5] 刘捍中．葡萄栽培技术［M］．北京：金盾出版社，2005.

[6] 胡建芳．鲜食葡萄优质高产栽培技术［M］．北京：中国农业大学出版社，2002.

[7] 赵文东．葡萄保护地栽培技术［M］．北京：中国农业出版社，1998.

[8] 柴寿．巨峰葡萄栽培［M］．王化忠，译．北京：中国林业出版社，1987.

[9] 孔庆山．中国葡萄志［M］．北京：中国农业科学技术出版社，2004.

[10] 李知行．葡萄病虫害防治（修订版）［M］．北京：金盾出版社，2004.

[11] 许领军，史亮，刘永辉，等．巨玫瑰葡萄优质丰产栽培关键技术［J］．西北园艺（果树），2017（8）：19-20.

[12] 许领军，娄东明．葡萄花序整形修剪技术［J］．果农之友，2018（5）：20.

[13] 许领军．斑衣蜡蝉在葡萄树上的危害与防治［J］．果农之友，2018（3）：28.

[14] 许领军．葡萄透翅蛾的发生与防治［J］．果农之友，2018（6）：35.

[15] 许领军．葡萄采收后至落叶前的生长特点及管理技术［J］．果农之友，2018（10）：17-18.

[16] 许领军．葡萄休眠期的特点及管理技术［J］．果农之友，2019（1）：14-15.

[17] 许领军．葡萄萌芽至开花期间的生长特点及管理技术［J］．果农之友，2019（3）：15-16.

[18] 许领军．葡萄开花坐果期的特点及管理［J］．果农之友，2019（4）：11-12.

[19] 许领军．葡萄果实生长至成熟期的管理［J］．果农之友，2019（6）：15.

[20] 许领军，耿圣磊，李军辉，等．甬优1号葡萄在荥阳丘陵地区的引种表现［J］．果农之友，2014（4）：10.

[21] 许领军，李军辉，闫晗，等．夏黑葡萄在荥阳邙山丘陵的引种表现及栽培技术［J］．果农之友，2014（12）：9.

[22] 许领军，闫晗，王伟峰，等. 几个葡萄品种在荥阳的引种表现 [J]. 北方果树，2015 (1)：51-52.

[23] 许领军，刘永辉，史亮. 葡萄果实日烧病的发生与预防 [J]. 果农之友，2017 (7)：26-27.

书　目

书　名	定价
草莓高效栽培	25.00
棚室草莓高效栽培	29.80
草莓病虫害诊治图册（全彩版）	25.00
葡萄病虫害诊治图册（全彩版）	25.00
葡萄高效栽培	25.00
棚室葡萄高效栽培	25.00
苹果高效栽培	22.80
苹果科学施肥	29.80
甜樱桃高效栽培	29.80
棚室大樱桃高效栽培	18.80
棚室桃高效栽培	22.80
桃高效栽培关键技术	29.80
棚室甜瓜高效栽培	25.00
棚室西瓜高效栽培	25.00
果树安全优质生产技术	19.80
图说葡萄病虫害诊断与防治	25.00
图说樱桃病虫害诊断与防治	25.00
图说苹果病虫害诊断与防治	25.00
图说桃病虫害诊断与防治	25.00
图说枣病虫害诊断与防治	25.00
枣高效栽培	23.80
葡萄优质高效栽培	25.00
猕猴桃高效栽培	29.80
无公害苹果高效栽培与管理	29.80
李杏高效栽培	29.80
砂糖橘高效栽培	29.80
图说桃高效栽培关键技术	25.00
图说果树整形修剪与栽培管理	59.80
图解果树栽培与修剪关键技术	65.00
图解庭院花木修剪	29.80
板栗高效栽培	25.00
核桃高效栽培	25.00
核桃高效栽培关键技术	25.00
核桃病虫害诊治图册（全彩版）	25.00
图说猕猴桃高效栽培（全彩版）	39.80
图说鲜食葡萄栽培与周年管理（全彩版）	39.80
花生高效栽培	16.80
茶高效栽培	25.00
黄瓜高效栽培	22.80

书　名	定价
番茄高效栽培	25.00
大蒜高效栽培	25.00
葱高效栽培	25.00
生姜高效栽培	19.80
辣椒高效栽培	25.00
棚室黄瓜高效栽培	25.00
棚室番茄高效栽培	25.00
图解蔬菜栽培关键技术	65.00
图说番茄病虫害诊断与防治	25.00
图说黄瓜病虫害诊断与防治	25.00
棚室蔬菜高效栽培	25.00
图说辣椒病虫害诊断与防治	22.80
图说茄子病虫害诊断与防治	25.00
图说玉米病虫害诊断与防治	29.80
图说水稻病虫害诊断与防治	49.80
食用菌高效栽培	39.80
食用菌高效栽培关键技术	39.80
平菇类珍稀菌高效栽培	29.80
耳类珍稀菌高效栽培	26.80
苦瓜高效栽培（南方本）	19.90
百合高效栽培	25.00
图说黄秋葵高效栽培（全彩版）	25.00
马铃薯高效栽培	22.80
山药高效栽培关键技术	25.00
玉米科学施肥	29.80
肥料质量鉴别	29.80
果园无公害科学用药指南	39.80
天麻高效栽培	29.80
图说三七高效栽培	35.00
图说生姜高效栽培（全彩版）	29.80
图说西瓜甜瓜病虫害诊断与防治	25.00
图说苹果高效栽培（全彩版）	29.80
图说葡萄高效栽培（全彩版）	45.00
图说食用菌高效栽培（全彩版）	39.80
图说木耳高效栽培（全彩版）	39.80
图解葡萄整形修剪与栽培月历	35.00
图解蓝莓整形修剪与栽培月历	35.00
图解柑橘类整形修剪与栽培月历	35.00
图解无花果优质栽培与加工利用	35.00
图解蔬果伴生栽培优势与技巧	45.00